创新的技术

——创新设计·专利申报·首版制作

王丽霞　钱慧娜　著

ZHEJIANG UNIVERSITY PRESS
浙江大学出版社

图书在版编目(CIP)数据

创新的技术：创新设计·专利申报·首版制作 / 王丽霞，钱慧娜著. —杭州：浙江大学出版社，2016.10（2018.1 重印）

ISBN 978-7-308-16026-1

Ⅰ.①创… Ⅱ.①王…②钱… Ⅲ.①工业产品—产品设计—基本知识 Ⅳ.①TB472

中国版本图书馆 CIP 数据核字（2016）第 151596 号

创新的技术——创新设计·专利申报·首版制作

王丽霞　钱慧娜　著

责任编辑　吴昌雷
责任校对　杨利军　汪淑芳
封面设计　林智广告
出版发行　浙江大学出版社
（杭州市天目山路 148 号　邮政编码 310007）
（网址：http://www.zjupress.com）
排　　版　杭州林智广告有限公司
印　　刷　杭州日报报业集团盛元印务有限公司
开　　本　710mm×1000mm　1/16
印　　张　9.5
字　　数　183 千
版 印 次　2016 年 10 月第 1 版　2018 年 1 月第 2 次印刷
书　　号　ISBN 978-7-308-16026-1
定　　价　29.00 元

前　言

创新设计能力人人都有，只是有些人被充分地激发出来，有些人发挥得不理想。据有关研究结果表明，创造力并非是凭空而来的，而是经过有意识的努力才会产生，人们经过科学的训练可以变得更具有创造力。当我们掌握了创新的规律和方法以后，会惊异地发现自己具有丰富的创新能力。

一个产品的产生包含下面4阶段：(1) 创新设计；(2) 专利申请；(3) 首版制作；(4) 产品生产。本书对前三个阶段“创新设计”“专利申请”和“首版制作”进行论述。

其中，“创新设计”部分分别讲解了创新思维、创新设计方法、创新设计误区和成功案例，力求通过最直接、最易理解的方式，激活读者的潜在创新能力。日本著名设计师深泽直人在《不为设计而设计＝最好的设计》一书中写道：“我在思考设计时，会先找关键字；这个字越是直接，设计便越强有力。”而现实中，有些设计偏偏就是为了设计而设计，在创新设计误区部分，给出了3种常见问题，给读者借鉴。

“专利申请”部分给出16个专利申请文件的真实样本以及撰写专利申请文件的方法和注意事项，包含了产品设计方面的外观专利、实用新型专利和发明专利3种专利类型，以期在指导读者撰写专利申请文件的同时，开阔读者的思路，给读者带来设计思考方面的启发。

“首版制作”部分汇集了作者的首版制作经验，详细地讲解了CNC首版、3D打印首版和激光水晶内雕首版的制作方法，以及在制作首版时的注意事项。

本书的撰写得到杭州职业技术学院张瑞、杭州科捷模型制作有限公司朱春良、浙江一墨律师事务所鲁秦和杭州先临三维科技股份有限公司施涵煜等同行专家的大力支持，在此表示衷心的感谢。同时，在此对提供书中相关产品方案、图片资料的企业和个人，表示衷心的感谢。

本书包含了作者多年从事工业设计工作的研究成果和经验积累，在此奉献给广大读者，希望能起到抛砖引玉的作用。

由于很多观点和设计属于个人行为，并且我们一直在探索创新的路上，书中内容不免存在局限性和不足，欢迎广大读者批评指正，帮助我们不断完善。谢谢！

杭州职业技术学院

王丽霞

2016年6月

目　　录

第一部分

创新设计方法

创新设计是指充分发挥设计者的创造力，利用人类已有的相关科学技术知识，进行创新构思，设计出具有新颖性和实用性的工业产品的一种实践活动。

创新设计是人类创造力的体现，人类的文明史实质是创造力的实现结果。创造力是一种能力，它的主要成分是发散思维，即无定向、无约束地由已知探索未知的思维方式。按照美国心理学家吉尔福德的看法，当发散思维表现为外部行为时，就代表了个人的创造能力。

创新能力虽然强调发散性思维，不能局限于固定思维模式。但创新的方法有可遵循的科学规律，并不是毫无章法地胡思乱想。一个人的创新能力不是天生的，而是通过后天知识的积累和合理的训练逐渐培养的。

第一节　创新设计的思维方法

创新的思维方法有很多，并且有不同的归纳和分类，这里我们归纳为下列十种。

1. 类比法

类比法是将所研究和思考的事物与人们熟悉的、并与之有共同点的某一事物进行对照和比较，从比较中找到它们的相似点或不同点，并进行逻辑推理，在同中求异或异中求同中实现创新。

类比法应用比较广泛，比如我们常见的仿生技术的原理也是类比法。比如雷达的发明灵感是从蝙蝠来的，飞机的发明灵感是根据鸟类的飞行来的，军用越野车的发明灵感是从蜘蛛爬行的原理来的。

再比如在设计存钱罐时，可以想到猫和存钱罐有什么共同点？吃与进、拉与出、都要有肚子等等。

2. 移植法

移植法是指将某一领域的成果，引用、渗透到其他领域，用以变革和创新。移植与类比的区别是，类比是先有可比较的原型，然后受到启发，进而联想进行创新，移植则是先有问题，然后去寻找原型，并巧妙地将原型应用到所研究的问题上来。

移植法的基本方法主要有：

(1) 原理移植

原理移植，即把某一学科中的科学原理应用于解决其他学科中的问题。

例如：电子语音合成技术最初用在贺年卡上，后来有人把它用于倒车提示器上，又有人把它用到了玩具上，出现会哭、会笑、会说话、会唱歌、会奏乐的玩具。它当然还可以用在其他方面。

(2) 技术移植

技术移植，即把某一领域中的技术运用于解决其他领域中的问题。技术移植法是指把一个技术领域的原理、方法或成果引入到不同技术领域或相同技术领域的其他研究对象上，用以创造新的技术产物或改进原有技术产物的发明创造技法。

例如：利用3D打印技术开发的蛋糕打印机和房子打印机可以打印蛋糕和房子，如图1-1所示。

图 1－1　3D 蛋糕打印机

（3）方法移植

方法移植，即把某一学科、领域中的方法应用于解决其他学科、领域中的问题。

例如：面团经过发酵，进入烘箱后，内部产生大量气体，使体积膨胀，变成松软可口的面包。将这种可使物体体积增大、重量减轻的发酵方法，移植到塑料生产中，便发明了价廉物美的泡沫塑料。这种塑料质地轻，防震性能好，可以作为易碎或贵重物品的包装材料，也可用来制作救生衣等。德国还将发酵方法用在金属材料上，制造出了泡沫金属，可以充填工艺构件中的洞隙，还可以悬浮在水上，有很大的开发价值。

（4）结构移植

结构移植，即将某种事物的结构形式或结构特征，部分地或整体地运用于其他产品的设计与制造。

例如：将缝衣服的线移植到手术中，出现了专用的手术线；将用在衣服鞋帽上的拉链移植到手术中，可完全取代用线缝合的传统技术，“手术拉链”比针线缝合快十倍，且不需要拆线，大大减轻了患者的痛苦。再如，任意角等分仪的发明。广东省刘鸿燕同学移植了折扇的结构，发明了“任意角等分仪”，从而解决了早已被数学家证明仅用圆规和直尺不能三等分已知角的世界难题。

（5）功能移植

功能移植，即通过使某一事物的某种功能也为另一事物所具有而解决某个问题。

例如：超导技术具有强磁场、大电流、无热耗的独特功能，可以移植到许多领域。移植到计算机领域可以研制成无功耗的超导计算机，移植到交通领域可研制磁悬浮列车，移植到航海领域可制成超导轮船，移植到医疗领域可制成磁共振扫描仪等。

(6) 材料移植

材料移植,是指将某种产品使用的材料移植到别的产品的制作上,以起到更新产品、改善性能、节约材料、降低成本的目的。

例如:广州惠林铅笔公司用废旧的报纸等制作环保铅笔,无须再使用大量的木材,且此铅笔不偏心、易卷削、不断铅,泡在水里也不变质,卫生、防火,更环保。全世界年消费铅笔百亿支,仅此一项技术每年可节省木材数十万立方米。用塑料和玻璃纤维取代钢来制造坦克的外壳,不但减轻了坦克的重量,而且具有避开雷达的隐形功能。

3. 换元法

换元法是指人们在创新过程中,采用替换或代换的方法,使研究不断深入,思路获得更新。例如,卡尔森研究发明的复印机,曾采用化学方法进行多次实验,结果屡次失败。后来他变换了研究方向,探索采用物理方法,即光电效应,终于发明了静电复印机,一直沿用到现在。

在许多事物中替代或代换内容是各式各样的,用成本低的代替昂贵的,用容易获得的代替不容易获得的,用性能良好的代替性能差的,等等。例如,用玻璃纤维制成的冲浪板比木制的冲浪板更轻巧,也更容易制成各种形状。

4. 组合法

组合法是指将两种或两种以上的技术、事物、产品、材料等进行有机地组合,以产生新的事物或成果的创新技法。

5. 还原法

还原法是指返回创新原点,即在创新活动中追根寻源地找到事物的原点,再从原点出发寻找各种解决问题的途径。实际上,任何事物都有其创造的起点和原点。创造的原点是唯一的,创造的起点则可很多。创造的原点可作为创造的起点,但创造的起点却不能作为创造的原点。

6. 穷举法

穷举法又称为列举法,是一种辅助的创新技法,它并不提供发明思路与创新技巧,但它可帮助人们明确创新的方向与目标。列举法将问题逐一列出,将事物的细节全面展开,使人们容易找到问题的症结所在,从各个细节入手探索创新途径。列举法一般分三步进行,第一步是确定列举对象,一般选择比较熟悉和常见的,进行改进与创新可获得明显效益的;第二步分析所选对象的各类特点,如缺点、希望点等,并一一列举出来;第三步则从列举的问题出发,运用自己所熟悉的各种创新技法进行具体的改进,解决所列出的问题。

例如：

（1）普通的雨伞，经过雨淋后雨水乱滴。

（2）路灯的灯泡高高在上，不方便维修。

（3）买菜、洗菜既麻烦又不环保。

（4）人们在操作剪刀时，若手指受伤了，操作剪刀是很困难的。即使是正常人长时间使用剪刀也会感到手指疼痛，甚至磨破皮肤。

（5）电饭煲用的普通的蒸屉在取出时无处着手。

7. 焦点法

焦点法是美国 C.H.赫瓦德创造的方法，也是一种典型的强制联想法。它是以一预定事物为中心或焦点，依次与罗列的各元素一一构成联想点，寻求新产品、新技术、新思想的推广应用和对某一问题的解决途径。焦点法的原理是综合法，这是从焦点法形成的特点得出的结论。焦点法的特点是与扩散思维、收敛思维、联想思维中的强制联想融会在一起。焦点法的操作程序如下。

第一步，确定目标 A，比如椅子。

第二步，随意挑选与椅子风马牛不相及的事物 B 作刺激物。

第三步，列举事物 B 所有属性。

第四步，以 A 为焦点，强制性地把 B 的所有属性与 A 联系起来产生强制联想。提炼要素，设计一款新椅子。

8. 极限法

极限法是把产品的某种特性推向极限的思考方法，可以从产品的大小、厚薄、速度、寿命等方面去考虑。例如：人们曾设想将笨重的电视机做成薄片状，挂在墙上；想把笔记本电脑做成可以折叠的形式，方便携带；方便实用的一次性饭盒；想把大哥大手机放到口袋里。如图 1－2 所示为非常笨重的第一代手机和轻薄的苹果 5 手机。

图 1－2　手机

9. 逆向思维法

逆向思维法是将司空见惯的、似乎已成定论的事物或观点反过来思考的一种思维方式。很有说服力的例子是司马光砸缸，有人落水，常规的思维模式是“救人离水”，而司马光面对紧急险情，运用了逆向思维，果断地用石头把缸砸破，“让水离人”，救了小伙伴性命。例如：日本夏普公司的电烤炉，将常规人们认为的烧烤时火在食物的下面改为火在上面，解决了装食物的容器在食物与火中间的问题。

10. 发散思维法

发散思维法培养思维的灵活性，又称辐射思维法，它是从一个目标或思维起点出发，沿着不同方向，顺应各个角度，提出各种设想，寻找各种途径，解决具体问题的思维方法。《创造心理学》中有个例子，假如问：“砖头有多少种用途?”答案会有很多：造房子、修路、压东西、当锤子、垫在脚下等。

第二节　创新设计的方法

经过总结前人的经验，针对工业产品设计领域的创新，我们将创新设计方法归纳为：

1. 新技术应用法

如图 1－3 所示的激光测距仪，就是利用激光对观测者与目标的距离进行准确测定的仪器。激光测距仪在工作时向目标射出一束很细的激光，由光电元件接收目标反射的激光束，计时器测定激光束从发射到接收的时间，计算出从观测者到目标的距离。

图 1－3　激光测距仪

如图 1－4 所示的磁悬浮台灯，利用高频电磁场在金属表面产生的涡流来实现金属灯罩的空中悬浮。此原理的典型应用还有磁悬浮列车。

图 1－4　磁悬浮台灯

这里有一个很有代表性的例子。由如图 1－5 所示的铁铬铝、镍铬电热合金制成的电热丝如何应用于人们的日常生活中，改变人们的行为方式？1904 年，美国人休斯设计了电炉（如图 1－6 所示），代替了煤油炉。电炉虽然比煤油炉具有更多的优点，但仍有电炉丝暴露在外，存在很大的安全隐患。因此世界上第一台电饭煲在 1950 年诞生了，是由日本人井深大的东京通信工业公司发明的，如图 1－7 所示为一款电饭煲。这个例子很好地诠释了利用新发现和新科技进行创新设计的方法和意义。

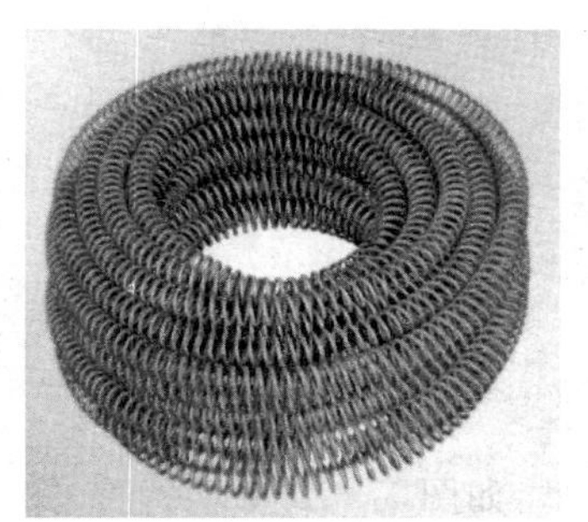

图 1－5　电热丝

图 1－6　电炉

图 1－7　电饭煲

2. 增加功能法（功能相加法）

如上所述的激光测距仪，可以将计算器的功能增加进去，增加简单的计算功能。再如衣架式旅行箱，将衣架和箱包组合起来，做到了一物两用，如图 1－8 所示。

图 1－8　衣架式旅行箱

3. 造型仿生法

(1) 花形台灯，采用花的形状作为灯的造型，如图 1-9 所示。

图 1-9　花形台灯

(2) 蜂巢颜料盒，采用蜂巢的形状作为颜料盒的造型，如图 1-10 所示。

图 1-10　蜂巢颜料盒

4. 功能仿生法

人们根据章鱼发明烟幕弹。根据蝙蝠超声定位器的原理，仿制了盲人用的“探路仪”。这种探路仪内装有一个超声波发射器，盲人带着它可以发现电杆、台阶、桥上的人等。如图 1-11 所示为露水收集器，沙漠中的甲虫每天清晨会爬上沙丘顶部，利用身体与空气的温差，让雾气在其外壳表面形成露水来饮用。设计师受此启发，设计了这个碗状露水收集器。光滑的金属顶面和带有波浪纹的侧面能够更加轻易地“捕获”空气的小水滴，增大接触面积，以获得更多的露水。在曲面和储水罐之间还设计有一道“Y”字形的槽，目的是过滤空气中的沙尘，保证水质的清澈。另外这款露水收集器倒放过来还可以当作盆子来使用。

图 1－11　露水收集器

5. 新工艺应用法

随着科技的发展，新工艺总是在不断出现，新的加工工艺会给产品的造型设计带来创新的可能。比如 3D 打印技术的出现，给产品的加工带来了巨大的改良空间，使很多原来的加工工艺没办法实现的造型得以实现。如图 1－12 所示的镂空

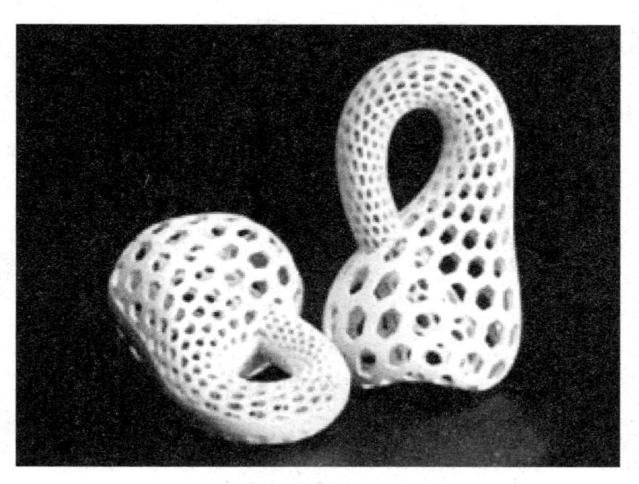

图 1－12　3D 打印镂空的装饰品

的装饰品为3D打印而成。

6. 新材料应用法

新型材料总是在不断出现，用新材料对原有产品进行再设计，是创新设计的常用方法。如图1－13所示的洛可可公司设计的牙签，就是以淀粉为原材料的新型材料进行加工而成的。该材质在普通水中浸泡15分钟即可降解。

图1－13　可降解牙签

7. 借鉴设计法

借鉴设计法需要找到原型和目标物的共同点，将两者进行有机地结合、提炼，开发出新产品。如从建筑造型上受到启发，设计一把椅子；从手机造型受到启发，设计一盏台灯，如图1－14所示。

图1－14　手机造型台灯

为解决前面提到的路灯维修不方便的问题，一款采用螺纹结构的可以升降的路灯被设计出来。

8. 模仿改良法

模仿不是照抄，而是从原产品中受到启发，设计出一系列符合大众需求的同类产品，或者在此基础上有更高的创造。例如，匈牙利工程师鲁比克发明了魔方，如图 1－15 所示。日本的企业在六面体魔方的基础上，将外形改变成四面体，每面有九个可以自由转动的三角形，如图 1－16(a)所示。法国的企业生产了一种魔方拼图，由 13 块曲边三角板组成，能拼成各种图形，增加了趣味性。后来又出现了魔蛇，如图 1－16(b)所示。

图 1－15 魔方

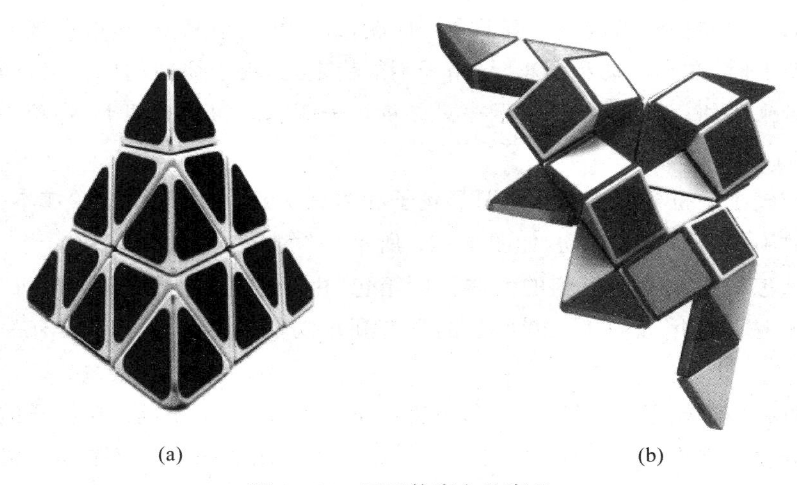

(a) (b)

图 1－16 四面体魔方和魔蛇

第三节　创新设计的误区

从小学生到博士、院士，人人都可以创新，但由于个体的区别，导致在创新设计的过程中，不可避免地出现一些问题。问题一般包括过度设计、不合理设计、错误设计和伪创新设计四种。

1. 过度设计

过度设计有两种情况：

第一是产品种类的过多过快地更新。设计是一把双刃剑，有些产品是商业化背景下的衍生物，为了卖点、创新而设计，虽然丰富了产品种类，给人们带来了短期的愉悦，却忽略了此设计是否对人类的生活具有积极的作用。甚至有人认为“设计带来了污染”。

第二是产品造型和结构过分复杂。设计的基本原则里有“少即是多”“够用”的原则，过度设计指设计与实现超出了有用需求的产品，或可以用简单的方案解决的问题，却设计出复杂的解决方案和产品。

许多设计师在学生阶段容易为了设计而设计，掌握不好设计的度。

很多过度设计，其实是没有找到更简洁的方法实现目标而已。以下面的箱包设计为例说明。

普通的大体积的箱包下方有四个万向轮，推拉转向极其方便，但在被放到地铁或公交车上时，在车启动和刹车时，箱子不能稳定，会由于惯性的原因自动移动，给使用者带来不便，如图 1－17 所示。只能将箱子侧面的四只脚朝下，将箱子侧倒放置，如图 1－18 所示。

体积较小的拉杆箱一般采用两只轮子和两只支脚，这样既可减少成本，又可做到放置时不会轻易自己移动，如图 1－19 所示。

那么怎么解决上面提到的大体积的箱包“由于惯性的原因自动移动”的问题呢？是不是可以用如图 1－20 所示的具有刹车功能的轮子？至今没有一个完美的方案。

这里有一个轮子可伸缩的方案，方案如下：如图 1－21 所示，在箱子的下部增加一部分底座结构，底座如图 1－22 所示，结构爆炸图如图 1－23 所示。需要稳住防止移动时，四个轮子收在下底座里，下底座的底面与地面接触。需要拉动时，按一下卡扣按钮，卡住轮子固定板的卡扣松开，四个轮子在弹簧的作用下同时向下伸长，伸出下底座。

此方案存在诸多问题：(1) 增加了箱子的体积，造成空间的浪费；(2) 结构复杂，导致成本大增。那么，这是不是属于过度设计？

图 1－17 普通的拉杆箱

图 1－18 侧倒放置的拉杆箱

图 1－19 带脚的拉杆箱

图 1－20 具有刹车功能的轮子

图 1-21　轮子可伸缩的拉杆箱

图 1-22　底座

图 1-23　结构爆炸图

2. 不合理设计

有些设计没有很好地兼顾产品的各种需要，不能达到理想的效果。

(1) 易拉罐：如图 1-24 所示的易拉罐，在打开时，拉环和罐体并未分开，导致罐口金属片被压进饮料里，污染了里面的饮料。

图 1 - 24 易拉罐

为改变这一不合理设计,人们设计了如图 1 - 25 所示的打开后拉环与罐体分开的易拉罐。

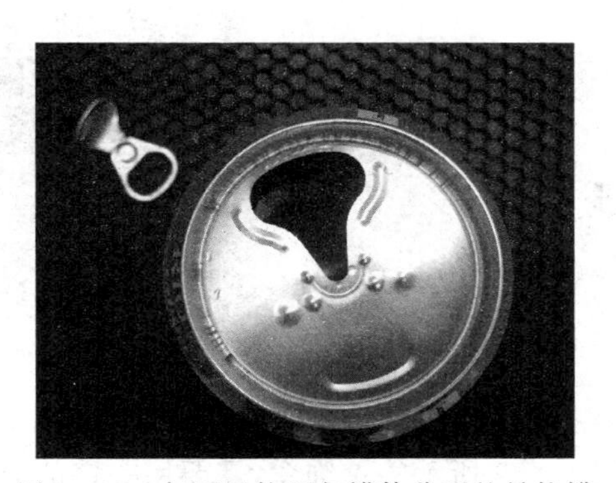

图 1 - 25 打开后拉环与罐体分开的易拉罐

(2) 公交车的拉手:大多数公交车的拉手与车上的横杆采用柔性连接,这导致乘客在汽车刹车和启动时身体站立不稳,如图 1 - 26 所示。

图 1 - 26 公交车的拉手

（3）插座：很多插座的孔距设计不合理，虽然它有可以同时插入两个插头的设计，但由于间距过小，导致不能同时插入，如图 1－27 所示。改良后的设计更为合理，如图 1－28 所示。

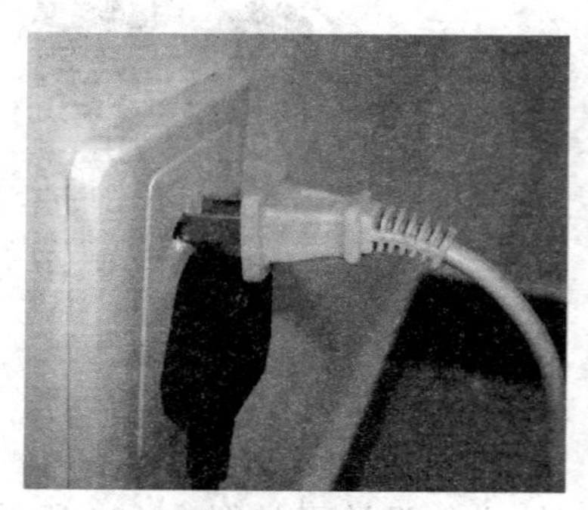

图 1－27 插座

图 1－28 改良后的插座

（4）包装盒：如图 1－29 所示的首饰盒，需要用一定的力量才能将盖子从盒体中拔出。产品虽然造型简洁大方、时尚美观，但无处着力，只能靠摩擦力打开，给使用者带来不便。

图 1－29 首饰盒

(5) 伞：如图 1－30 所示的伞上伞(The Upbrella)，只要按下伞柄上的按钮，这把看似普通的伞就会延长，在挡雨的同时避免撞到其他伞。这个很巧妙的创意，解决了伞与伞之间碰触的问题，但其他伞上流下的雨水会淋到自己的身上(此创意如果是用在遮阳伞上倒是很好)。这个设计看似解决了一个问题，但带来了更大的问题。

图 1－30 伞上伞

3. 错误设计

出现错误设计的原因，一般是由于自然常识和科学常识等知识不够。比如，设计一款沙漠用露水收集器。露水是温差较大时，空气中的水含量丰富的情况下，水汽会凝结成小水滴，一般多出现在温差较大的凌晨时分。曾有位学生将露水收集器设计成与图 1－7 相反的结构，认为露水是从地下蒸腾而来，用隆起的塑料薄膜来收集地下蒸腾而来的露水，接水结构设计在薄膜的内腔。

4. 伪创新设计

伪创新设计也可以认为是落后的设计和不必要的设计，是指那些还没有现有产品的品质好的设计。主要原因是设计前缺乏调研，导致设计出的产品在性能、结构方面落后于现有产品，甚至造型也比现有的产品差。

第四节　拉杆箱设计案例分析

前面我们已对拉杆箱设计列举了一些案例和问题，下面我们以拉杆箱为例，将一个系列产品的设计和演化进行全面的分析。

1. 带减震功能的拉杆箱

对于一些有防震要求的产品，比如医疗器械等，在拉杆箱的底部、轮子和箱体之间增设了减震结构，改善了普通拉杆箱的功能，如图 1-31 所示。

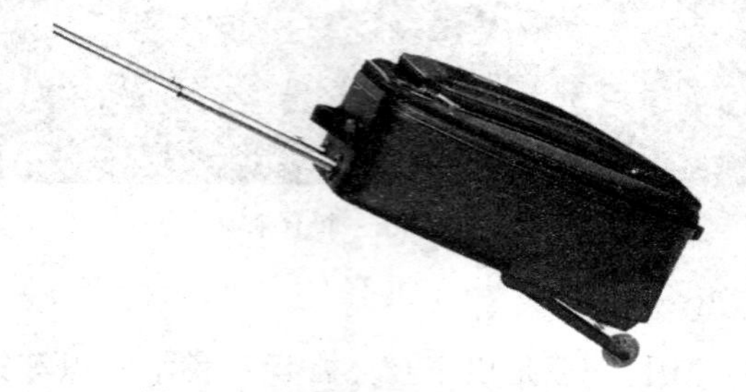

图 1-31　带减震功能的拉杆箱

2. 滑板车与箱子的组合

滑板车和拉杆箱具有三个相同的结构和功能，分别是：底部有轮子，靠轮子将物品移动，带扶手的杆子。采用组合的方式，将具有相同结构功能的产品巧妙地组合在一起，形成新的升级产品，起到一物多用的功能，如图 1-32 所示。

图 1-32　滑板车与箱子的组合

此种设计方法，在功能方面达到“1＋1＝2”的目的；而在材料和结构方面达到了“1＋1＜2”的目的，节约了轮子和拉杆。

3. 座椅和箱包的组合

如图1－33所示的拉杆箱用功能组合的设计方式解决了人们在负重行走的过程中需要休息的问题。

图1－33 座椅和箱包的组合

4. 仿生造型拉杆箱

如图1－34所示的拉杆箱采用仿生的设计方法，以企鹅的脚作轮子和支脚，企鹅的肚子作为箱体。

图1－34 仿生造型拉杆箱

5. 子母拉杆箱

如图 1－35 所示的子母拉杆箱，在原来的基础产品上增加了一个可以方便装上和取下的小包。使得使用者不用左手拉个箱、右手提个包，可以腾出手来打电话、打伞和拿水瓶等。

图 1－35　子母拉杆箱

6. 儿童车拉杆箱

人们习惯上认为的箱子是：拉杆是硬的，造型是方的，表面的曲面向外凸，使得箱子内部空间尽量大以装纳更多的物品，并且方便放置、堆叠和装运。如图 1－36 所示的具有儿童小拉车功能的箱包，设计者改变固有想法，将箱子上面设计成向下凹，像马的背部，便于儿童骑坐。将硬质拉杆换成布带，这样既方便收纳，又节约材料和空间。

图 1－36　儿童车拉杆箱

7. 油桶拉杆箱

由于油桶和箱子有很基础的共同点——容纳物品，如图 1－37 所示的拉杆箱，采用的设计方法是，借鉴箱子的造型，在箱体上开个门，将箱子设计成油桶的外形。

图 1－37 油桶拉杆箱

8. 能爬楼的拉杆箱

使用普通的拉杆箱在上楼梯时，如果没有斜坡，人们只能费力提着箱子。如图 1－38 所示的拉杆箱，将一个轮子改为三个轮子共同作用，实现拉着箱子上楼的功能。

图 1－38 能爬楼的拉杆箱

第二部分

专利申请

第一节 概 述

随着创新创业理念的深入人心，创新的产品和想法越来越多，与之相应的则应是加强知识产权的保护意识。

一、专利

1. 基本概念

专利是受法律规范保护的发明创造，它是指一项发明创造向国家审批机关提出专利申请，经依法审查合格后向专利申请人授予的在规定的时间内对该项发明创造享有的专有权。

专利权是一种专有权，这种权利具有独占的排他性。非专利权人要想使用他人的专利技术，必须依法征得专利权人的同意或许可。

2. 专利种类

依照我国《专利法》，专利分为发明专利、实用新型专利和外观设计专利三种。

(1) 发明专利。发明是指对产品、方法或者其改进所提出的新的技术方案，主要体现新颖性、创造性和实用性。取得专利的发明又分为产品发明（如机器、仪器设备、用具）和方法发明（制造方法）两大类。

产品是指工业上能够制造的各种新制品，包括有一定形状和结构的固体、液体、气体之类的物品。方法是指对原料进行加工，制成各种产品的方法。发明专利并不要求是经过实践证明可以直接应用于工业生产的技术成果，可以是一项解决技术问题的方案或是一种构思，具有在工业上应用的可能性。但如果仅仅是一种不具备工业上应用的可能性的想法，是不能授予专利权的。

(2) 实用新型专利。实用新型是指对产品的形状、构造或者其结合所提出的适于实用的新的技术方案。

同发明一样，实用新型保护的也是一个技术方案。但实用新型专利保护的范围较窄，它只保护有一定形状或结构的新产品，不保护方法以及没有固定形状的物质。实用新型的技术方案更注重实用性，其技术水平较发明而言要低一些。

(3) 外观设计专利。外观设计是指对产品的形状、图案或其结合以及色彩与形状、图案的结合所作出的富有美感并适于工业应用的新设计。

外观设计与发明、实用新型有着明显的区别，外观设计注重的是设计人对一项产品的外观所作出的富于艺术性、具有美感的创造，但这种具有艺术性的创造，不是单纯的工艺品，它必须具有能够为产业上所应用的实用性。外观设计专利实质上是保护美术创新，而发明专利和实用新型专利保护的是技术创新；虽然外观设计和实用新型与产品的形状有关，但两者的目的不相同，前者的目的在于使产品形状产生美感，而后者的目的在于使具有形态的产品能够解决某一技术问题。例如一把雨伞，若它的形状、图案、色彩相当美观，那么应申请外观设计专利；如果雨伞的伞柄、伞骨、伞头结构设计精简合理，可以节省材料又有耐用的功能，那么应申请实用新型专利。

外观设计专利的保护对象，是产品的装饰性或艺术性外表设计，这种设计可以是平面图案，也可以是立体造型，更常见的是这两者的结合，授予外观设计专利的主要条件是新颖性。

3. 专利的两个最基本的特征

专利的两个最基本特征："独占"与"公开"，以"公开"换取"独占"是专利制度最基本的核心，这分别代表了权利与义务的两面。"独占"是指法律授予技术发明人在一段时间内享有排他性的独占权利；"公开"是指技术发明人作为对法律授予其独占权的回报而将其技术公之于众，使社会公众可以通过正常的渠道获得有关专利技术的信息。

4. 发明专利和实用新型专利的三性

发明专利和实用新型专利，应当具备新颖性、创造性和实用性。

(1) 新颖性，是指该发明或者实用新型不属于现有技术，也没有任何单位或者个人就同样的发明或者实用新型在申请日以前向国务院专利行政部门提出过申请，并记载在申请日以后公布的专利申请文件或者公告的专利文件中。

现有技术，是指申请日以前在国内外为公众所知的技术。

申请专利的发明创造在申请日以前六个月内，有下列情形之一的，不丧失新颖性：在中国政府主办或者承认的国际展览会上首次展出的；在规定的学术会议或者技术会议上首次发表的；他人未经申请人同意而泄露其内容的。

(2) 创造性，是指与现有技术相比，该发明具有突出的实质性特点和显著的进步，该实用新型具有实质性特点和进步。

(3) 实用性，是指该发明或者实用新型能够制造或者使用，并且能够产生积极效果。

5. 非显而易见性

专利发明必须明显不同于习知技艺，获得专利的发明必须是在现有技术或知识上有显著的进步，而不能只是现有技术或知识的显而易见的改良。这样的规定是要避免发明人只针对既有产品做小部分的修改就提出专利申请。若运用习知技艺或熟悉该类技术都能轻易完成，无论是否增加功效，均不符合专利的进步性精神。在该专业或技术领域的人都想得到的构想，即是显而易见的，不能申请专利。

6. 专利申请号

专利申请号是指国家知识产权局受理一件专利申请时给予该专利申请的一个标识号码。包括："申请年号＋申请种类号＋申请流水号＋一个小数点＋校验码"等五个部分。按照由左向右的次序，专利申请号中的第1—4位数字表示受理专利申请的年号，第5位数字表示专利申请的种类，第6—12位数字（共7位）为申请流水号，表示受理专利申请的相对顺序。小数点后面1位数是计算机的校验码，它可以是0—9的任一数字，和字符X共11种符号。专利申请号中使用的每一位阿拉伯数字均为十进制。例如：201630189152.0。

申请年号，专利申请号中的年号，采用公元纪年，例如2016表示专利申请的受理年份为公元2016年。

申请种类号，专利申请号中的申请种类号用1位数字表示，所使用数字的含义规定如下："1"表示发明专利申请；"2"表示实用新型专利申请；"3"表示外观设计专利申请；"8"表示进入中国国家阶段的PCT发明专利申请；"9"表示进入中国国家阶段的PCT实用新型专利申请。上述申请种类号中未包含的其他阿拉伯数字在作为种类号使用时的含义由国家知识产权局另行规定。

申请流水号，专利申请号中的申请流水号用7位连续数字表示，一般按照升序使用。例如：从0000001开始，顺序递增，直至9999999。每一自然年度的专利申请号中的申请流水号重新编排，即从每年1月1日起，新发放的专利申请号中的申请流水号不延续上一年度所使用的申请流水号，而是从0000001重新开始编排。

7. 专利号

专利申请人获得专利权后，国家知识产权局颁发的专利证书上专利号为：ZL（专利的首字母）＋申请号，例如：ZL201630189152.0。

8. 申请日

国务院专利行政部门收到专利申请文件之日为申请日。邮寄文件时一定要注意将邮戳盖清晰。专利以文件提交日为专利申请日；寄给专利行政部门的各种文件，以寄出的邮戳日为递交日；邮戳日不清晰的，除当事人能够提出证明外，以国务院专利行政部门收到日为递交日。

申请日在法律上具有十分重要的意义：它确定了提交申请时间的先后，按照先申请原则，在有相同内容的多个申请时，申请的先后决定了专利权授予谁。申请日是计算申请专利的发明创造不丧失新颖性的六个月时间的起算点，它确定了对现有技术的检索时间界限，这在审查中对决定申请是否具有专利性关系重大。

申请日是审查程序中一系列重要期限的起算日。发明专利权的期限为二十年，实用新型专利权和外观设计专利权的期限为十年，均自申请日起计算。如果获得了专利权，专利权的保护期限也从申请日起算。申请日也作为判断是否构成侵权的时间节点。如果在申请日之前即已经制造相同产品、使用相同方法或者已经做好制造、使用的必要准备，并且仅在原有范围内继续制造、使用的，不构成侵犯专利权。

9. 申请人、发明人或设计人

申请人可以为单位，也可以为自然人。

一般情况下，发明人、设计人与专利申请人为同一人。

发明人或设计人，依照企业要求完成本职工作后或者利用企业的资源（设备、资金）完成的发明、实用新型、设计，属于职务发明和设计，申请人为该企业，其他约定除外。

发明人或设计人，依照利用自身资源（设备、资金）完成的发明、实用新型、设计，申请人属于个人，该设计人可自愿地将申请人的权利赋予别人或其他企业所有，其他约定除外。

申请人（个人）与发明人或设计人可以为不同的人。《专利法》所称发明人或设计人，是指对发明创造的实质性特点做出创造性贡献的人，应当是自然人，不能是单位或者集体，例如“×××项目组”等等。如果是数人共同作出的，应当将所有人的名字都写上。

10. 专利优先权

专利优先权分为国内优先权和国际优先权。专利优先权的目的在于，排除在其他国家抄袭此专利者抢先提出申请，取得注册之可能。

(1) 国内优先权。又称为“本国优先权”，是指专利申请人就相同主题的发明或者实用新型在中国第一次提出专利申请之日起十二个月内，又向我国国家知识产权局专利局提出专利申请的，可以享有优先权。在我国优先权制度中不包括外观设计专利。

(2) 国际优先权。又称“外国优先权”，其内容是：专利申请人就相同主题的发明或者实用新型在外国第一次提出专利申请之日起十二个月内，或者就相同主题的外观设计在外国第一次提出专利申请之日起六个月内，又在中国提出专利申请的，中国应当以其在外国第一次提出专利申请之日为申请日，该申请日即为优先权日。

11. 专利保护期限

以提交专利的申请日开始计算的，其中发明专利保护期限是二十年，实用新型专利和外观设计专利保护期限是十年。

12. 专利代理机构和专利代理人

术业有专攻，尤其对于专利文件的撰写和专利方面的法规，有很强的科学规范，需认真地研究和学习。因此，我们可能需要委托专利代理机构和专利代理人，以提高申请的成功率，获得合理的专利权保护范围。

专利代理机构是经省专利管理局审核，国家知识产权局批准设立，可以接受委托人的委托，在委托权限范围内以委托人的名义办理专利申请或其他专利事务的服务机构。目前我国已有专利代理机构870多家，包括涉外代理机构。

专利代理人是指获得专利代理人资格证书，持有专利代理人执业证并在专利代理机构专职从事专利代理工作的人员。他们可以提供以下帮助：(1) 为申请专利提供咨询；(2) 代理撰写专利申请文件、申请专利以及办理审批程序中的各种手续以及批准后的事务；(3) 代理专利申请的复审、专利权的撤销或者无效宣告中的各项事务，或为上述程序提供咨询；(4) 办理专利技术转让的有关事宜，或为其提供咨询；(5) 其他有关专利事务。

二、获得专利权的益处

(1) 专利作为一种无形资产，具有巨大的商业价值，是提升企业竞争力的重要手段。

(2) 个人将创新成果申请专利，是对自己知识产权的保护。在专利转化后可以获得一定的经济利益。

(3) 专利的质量与数量是企业创新能力和核心竞争能力的体现，是企业在该行业身份及地位的象征。

(4) 企业通过应用专利制度可以获得长期的利益回报。

(5) 企业拥有一定数量的专利是申报高新技术企业、创新基金等各类科技计划、项目的必要前提条件。

三、相关法规和文件

我国为了保护公民的知识产权，制定了相关法规和文件。

1.《中华人民共和国专利法》

1984年3月12日第六届全国人民代表大会常务委员会第四次会议通过，根据1992年9月4日第七届全国人民代表大会常务委员会第二十七次会议《关于修改

〈中华人民共和国专利法〉的决定》第一次修正，根据2000年8月25日第九届全国人民代表大会常务委员会第十七次会议《关于修改〈中华人民共和国专利法〉的决定》第二次修正，根据2008年12月27日第十一届全国人民代表大会常务委员会第六次会议《关于修改〈中华人民共和国专利法〉的决定》第三次修正。

2.《中华人民共和国专利法实施细则》

根据2002年12月28日《国务院关于修改〈中华人民共和国专利法实施细则〉的决定》第一次修订；根据2010年1月9日《国务院关于修改〈中华人民共和国专利法实施细则〉的决定》第二次修订。

3.《专利审查指南》

为了客观、公正、准确、及时地依法处理有关专利的申请和请求，国家知识产权局依据《中华人民共和国专利法实施细则》第一百二十二条制定了《专利审查指南2010》。《专利审查指南2010》是《中华人民共和国专利法》及《中华人民共和国专利法实施细则》的具体化，因此是专利局和专利复审委员会依法行政的依据和标准，也是有关当事人在上述各个阶段应当遵守的规章。本《专利审查指南2010》是在2006年版的基础上，根据2008年12月27日颁布的《中华人民共和国专利法》和2010年1月9日颁布的《中华人民共和国专利法实施细则》以及实际工作需要修订而成，作为国家知识产权局部门规章公布。

相关内容在国家知识产权局综合服务平台上进行公布。在其网站(www.sipo.gov)上全面详细地介绍了专利的基础知识、专利申请前的准备、申请文件的撰写、专利申请手续、专利审批程序、专利权的维持和专利收费的规定等。

四、申请专利的注意事项

(一)申请前注意事项

1.不授予专利权的事项

(1)科学发现。

例如：海底锰核，在太平洋海底发现的锰核不能授予专利权。

(2)智力活动的规则和方法。

例如："斗地主"游戏的游戏规则不能授予专利权。

(3)疾病的诊断和治疗方法。

例如：某老中医经过多年潜心研究，掌握了一套针灸治疗关节炎的方法，疗效奇特。该方法不能向国家专利部门申请专利保护。

（4）动物和植物品种。

这里还应注意：对“动物和植物品种”的生产方法，可以依照《中华人民共和国专利法》规定授予专利权。

（5）用原子核变换方法获得的物质。

（6）对平面印刷品的图案、色彩或者二者的结合作出的主要起标识作用的设计。

（7）向外国申请专利，没有事先报经国务院专利行政部门进行保密审查。

任何单位或者个人将在中国完成的发明或者实用新型向外国申请专利的，应当事先报经国务院专利行政部门进行保密审查。保密审查的程序、期限等按照国务院的规定执行。对违反此项规定向外国申请专利的发明或者实用新型，在中国申请专利的，不授予专利权。

（8）8 种不能申请实用新型专利的情况。

即各种方法、产品的用途；无确定形状的产品，如气态、液态、粉末状、颗粒状的物质或材料；单纯材料替换的产品，以及用于不同工艺生产同样形状、构造的产品；不可移动的建筑物；仅以平面图案设计为特征的产品，如棋、牌等；由两台或者两台以上的仪器或设备组成的系统，如电话网络系统、上下水系统；单纯的线路，如纯电路、气动流线图、工作流程图、平面配置图等；直接作用于人体的电、磁、光、声、放射或其组合的医疗器具。

（9）不适于工业上应用的外观设计。

外观设计是指工业品的外观设计，也就是工业品的式样，必须是适于工业上的应用。例如：一幅精美的国画、油画或手帕扎成动物形态的设计不能获得外观设计专利。

2. 先申请原则

我国专利权的授予采取先申请原则，即当两个以上的申请人分别就同样的发明申请专利时，专利权授予最先申请的人。有发明创造一定要及时申报专利。例如：张某于 2005 年 5 月 13 日完成了某项发明创造，并于 2006 年 4 月 13 日申请了专利；周某于 2006 年 3 月 17 日完成了同样的发明创造，并于 2006 年 3 月 18 日申请了专利。如果张、周二人的申请均符合其他授予专利权条件，则专利权应授予周某。

3. 职务发明还是非职务发明

首先应弄清楚其所持有的发明成果是属于职务发明还是非职务发明。

执行工作单位的任务或者主要是利用本单位的物质技术条件所完成的发明创造为职务发明创造。职务发明创造申请专利的权利属于该单位；申请被批准后，该单位为专利权人。

非职务发明创造，申请专利的权利属于发明人或者设计人；申请被批准后，该发明人或者设计人为专利权人。

利用本单位的物质技术条件所完成的发明创造，单位与发明人或者设计人订有合同，对申请专利的权利和专利权的归属作出约定的，从其约定。例如：一位骨科临床医生，根据自己多年的临床经验和对机械的了解，利用业余时间自筹经费研制了一种“多功能轮椅”，该项发明创造不属于职务发明。

作为个人，如果要申请的专利与自己的工作同属一个领域（或紧密相关），如属于非职务发明创造，要取得单位的书面证明才能去申请个人的专利。否则，专利成功后很可能引起所有权纠纷。而作为受托开发单位也应与委托单位签订合同确定专利的所有权，否则可能会有纠纷之扰。

4. 专利查新

在专利申请前，一定要做好查询工作，查询有没有和自己的发明类似的已有专利和现有技术。目前有多个免费查询数据库及平台，比如：

（1）中国及多国专利审查信息查询系统（http://cpquery.sipo.gov.cn）

（2）soopat 专利搜索引擎（http://www.soopat.com）

（3）润桐专利检索（http://www.rainpat.com）

（4）国家知识产权局检索平台（http://www.pss-system.gov.cn）

（5）中国知识产权网（http://search.cnipr.com）

检索时，应使用相关行业、相关技术的通用词汇或技术关键词进行检索。比如：申请一个关于电饭煲的专利，应输入“电饭煲”“煲”甚至“米饭”等与电饭煲相关的关键词，以及你的创意点涉及的关键词，如“定时”“温度”“控制”等。可以多搜几次。

5. 发表文章与申请专利

申请专利往往会与发表文章有冲突。审查员在审查过程中会对申请日之前的相关专利和文献进行检索，如果专利在申请日之前已有公开发表的文章，不管是专利发明人写的文章，还是其他人写的文章，那么审查员都会视为现有技术，将专利驳回。因此，发表文章应在申请日之后，当然写文章和申请专利可以同时进行，关键是掌握好时间节点。

6. 全面覆盖原则

全面覆盖原则是专利侵权判定的基本原则，即将被诉侵权的技术方案的技术特征与专利的技术特征进行对比，只要被诉侵权技术方案的技术特征包含了专利独立权利要求中所有的技术特征，即认定其落入了专利权的保护范围。

例如，专利的独立权利要求为：一种 XXX，其特征包括 A、B、C。则被诉侵权技术方案包含了 A、B、C 这三个技术特征就构成侵权；如果只包含了 A、B，则不构成侵权。

7. 专利申请是否与有关的技术合同互相抵触

很多企业都签订有各种技术合同，如技术合作开发合同、技术许可合同、技术转让合同等等。微软就曾经禁止合作厂商为安装了 Windows 操作系统的硬件设备申请专利。所以，在申请专利前，专利管理部门必须检查已有的技术合同，看是否有抵触或不利于与他人签订的技术交流、授权或销售合同的执行。

8. 分析市场前景或产业化价值

申请专利的目的是获得垄断的客户和市场，不是“为专利而专利”或者“为技术而专利”，需要分析专利能带来的市场效益。企业必须预测、分析该技术方案可能创造的市场前景、经济效益，再做出是否申请的决策。如果出于企业战略上的考虑而不想很快实施，或者市场前景与投资效益不明，那就要考虑有没有进行专利储备的必要。每个企业在产品创新中会产生很多“衍生品”，这些技术创新有时候与企业的核心产品无关，但是前途非常好。施乐公司曾经作出了很多历史性的创造，如窗口软件、电脑图像处理软件等，但是，正在复印机市场获取高额垄断利润的施乐却没有为这些软件申请专利，更没有想到去生产这些产品。结果是产生了微软、苹果这样的电脑巨人。

9. 能不能用更经济的方式来保护

例如能否以著作权、商业或技术秘密来保护，因为这些保护的方式成本要低得多。进一步讲，有些技术用技术秘密的方法保护更恰当，如祖传秘方、可口可乐的饮料配方等。对于某些特定产品，甚至选择不申请专利，因为担心在申请专利的过程和文书中，会让他人获得这些专利技术的线索。

10. 可以三种专利同时申请

因为我国对实用新型专利申请实行初步审查制，对发明专利申请实行早期公开延迟审查制，而发明专利申请的实质审查需要较长的时间。如果一个技术方案，同时满足发明专利和实用新型专利的申请条件，有些申请人既希望获得较长的专利保护期限，又希望能够尽快获得专利权，可以就同一发明创造同时申请一项发明专利和一项实用新型专利。实用新型专利先授权，发明专利继续审核。

如果发明专利通过实质审查，国家知识产权局会下达通知，要求申请人放弃已经获得的实用新型专利，进而授予发明专利的专利权。申请人不同意放弃的，国务院专利行政部门应当驳回该发明专利申请；申请人期满未答复的，视为撤回该发明专利申请。

同一申请人在同一申请日对同一发明创造既申请实用新型专利又申请发明专利的，应当在申请时分别说明对同样的发明创造已申请了另一专利；未作说明的，依照专利法只能授予一项专利权的规定处理。

11. 专利申请单一性规则

专利申请单一性原则是专利申请中的一项基本原则。一件专利申请的内容只能包含一项发明创造，不能将两项或两项以上的发明创造作为一件申请提出；同样的发明创造只能被授予一次专利权。

但对于多个具有共同特定技术特征的专利可以合案申请在一份专利中，对于发明人来说可以大幅降低专利申请费用。

（二）提交申请文件注意事项

1. 相关表格

在国家知识产权局网站，点击“表格下载”的链接，进入 www.sipo.gov.cn/bgxz/。如果是第一次申请专利，那么，只需要关注第一栏“与专利申请相关”中的“通用类”中的下列表格即可：(1) 权利要求书；(2) 说明书；(3) 说明书附图；(4) 说明书摘要；(5) 摘要附图；(6) 费用减缓请求书；(7) 发明专利请求书；(8) 实用新型请求书；(9) 外观设计专利请求书；(10) 外观设计图片或照片；(11) 外观设计简要说明。每个表格后面都有注意事项，需要认真阅读并执行。

申请实用新型专利和发明专利时，上面第(1)—(5)为必需文件，一式两份。

发明者个人申请专利时，当个人年收入较低时，可以申请减缓相关费用。填写上面第(6)表格，一式一份即可，手工签字。单位申请时，需要相关单位的费用减缓证明。

第(7)和(8)针对专利类型的不同，提交相关的文件，一式两份，手工签字，单位申请需加盖公章。

申请外观设计专利应当提交请求书、该外观设计的图片或者照片以及对该外观设计的简要说明等文件。

所有说明书、说明书附图和权利要求书，如果有两页以上，每份都标注页码，比如，说明书，共 9 页，那么第一页可以写成：第 1 页/共 9 页。其他类推，例如：说明书附图，共两页，第二页可以写成：第 2 页/共 2 页。

2. 专利申请书的提交方式

(1) 直接到最近的国家专利代办处面交。

代办处是国家知识产权局专利局在各省、自治区、直辖市知识产权局设立的专利业务派出机构，主要承担专利局授权或委托的专利业务工作及相关的服务性工作，工作职能属于执行专利法的公务行为。目前主要业务包括：专利申请文件的受理、费用减缓请求的审批、专利费用的收缴、专利实施许可合同备案、办理专利登记簿副本及相关业务咨询服务。

(2) 挂号或EMS方式邮寄到国家专利局。

通信地址：北京市海淀区蓟门桥西土城路6号国家知识产权局专利局受理处

邮政编码：100088

(三) 申请注意事项

1. 关于回信

专利申请文件寄出后，要注意专利局的回信。

国务院专利行政部门邮寄的各种文件，自文件发出之日起满十五日，推定为当事人收到文件之日。

国务院专利行政部门规定文件送交地址不清、无法邮寄的，可以通过公告的方式送达当事人。自公告之日起满一个月，该文件视为已经送达。

2. 关于文件修改

发明专利申请人在提出实质审查请求时，以及在收到国务院专利行政部门发出的发明专利申请进入实质审查阶段通知书之日起的三个月内，可以对发明专利申请主动提出修改。

实用新型或者外观设计专利申请人自申请日起二个月内，可以对实用新型或者外观设计专利申请主动提出修改。

申请人在收到国务院专利行政部门发出的审查意见通知书后对专利申请文件进行修改的，应当针对通知书指出的缺陷进行修改。

3. 实质审查

对于发明专利，这是最关键的一步，审查员会就审查结果给出详细的审查意见书，申请者可以根据意见书写出答辩书。这阶段有两次答辩机会，即第一次答辩后审查员会根据答辩情况发出第二次的审查意见，可以进行第二次的答辩，之后审查员就会作出决定是否授权，如果没有授权，还可以提请“复审委员会”复议。

4. 专利复审问题

专利复审程序是专利申请被驳回时，给予申请人的一条提出复审请求的途径。专利申请人在接到驳回通知三个月内，可以向国家知识产权局专利复审委员会提出启动专利复审程序。专利复审委员会对复审请求进行受理和审查，并作出决定。下述两种情况可以提出复审请求：

(1) 发明、实用新型、外观设计专利申请初步审查时，发现不符合《专利法实施细则》第44条的规定,经过陈述意见、修改或两次补正后仍然没有消除缺陷,而作出的驳回决定。

(2) 发明专利申请实质审查时,发现不符合《专利法实施细则》第53条的规定,经过陈述意见、修改后仍然没有消除缺陷,而作出的驳回决定。

5. 缴费事项

专利申请根据情况不同,需要缴纳申请费等多项费用。

(1) 申请费。申请文件提交后,国务院专利行政部门通过格式审查后,寄给申请者专利受理通知书,通知书中告知应缴的费用。与申请费同时缴纳的费用还包括发明专利申请公布印刷费、申请附加费,要求优先权的,应同时缴纳优先权要求费。申请费的缴纳期限是自申请日起算两个月内,未在规定的期限内缴纳或缴足的,专利申请将视为撤回。

权利要求书的保护条数小于十项,申请费用为75元(减免后的);如果权利要求书的保护条数超过十项,每项加收100元。说明书(包括附图)页数超过30页或者权利要求超过十项时,需要缴纳申请附加费,金额以超出页数或者项数计算。

(2) 优先权要求费。优先权要求费的费用金额以要求优先权的项数计算。未在规定的期限内缴纳或缴足的,视为未要求优先权。

(3) 实质审查费。申请人要求实质审查的,应提交实质审查请求书,并缴纳实质审查费。实质审查费的缴纳期限是自申请日(有优先权要求的,自最早的优先权日)起三年内。未在规定的期限内缴纳或缴足的,专利申请视为撤回。

(4) 复审费。申请人对专利局的驳回决定不服提出复审的,应提交复审请求书,并缴纳复审费。复审费的缴纳期限是自申请人收到专利局作出驳回申请决定之日起三个月内。未在规定的期限内缴纳或缴足的,复审请求视为未提出。

(5) 著录事项变更费等。著录事项变更费、实用新型检索报告费、中止程序请求费、无效宣告请求费、强制许可请求费、强制许可使用费的裁决请求费的缴纳期限是自提出相应请求之日起一个月内。未在规定的期限内缴纳或缴足的,上述请求视为未提出。

(6) 恢复权利请求费。申请人或专利权人请求恢复权利的,应提交恢复权利请求书,并缴纳费用。该项费用的缴纳期限是自当事人收到专利局发出的权利丧失通知之日起两个月内。未在规定的期限内缴纳或缴足的,其权利将不予恢复。

(7) 延长期限请求费。申请人对专利局指定的期限请求延长的,应在原期限届满日之前提交延长期限请求书,并缴纳费用。对一种指定期限,限延长两次。未在规定的期限内缴纳或缴足的,将不同意延长。

(8) 专利费用的减缓。申请人或者专利权人缴纳专利费用确有困难的,可以请求减缓。可以减缓的费用包括五种：申请费(其中印刷费、附加费不予减缓)、发明专利申请审查费、复审费、发明专利申请维持费、自授予专利权当年起三年的年费。其他费用不予减缓。

请求减缓专利费用的，应当提交费用减缓请求书，如实填写经济收入状况，必要时还应附具有关证明文件。

(7) 年费。专利年费是专利权人为维持其专利权的有效性而在每年都应当缴纳的费用。缴纳专利年费是专利权人应当履行的义务。在专利申请授权后，专利申请人在办理登记手续时，应当缴纳专利登记费、公告印刷费、印花税和授予专利权当年的年费。以后每年的年费应在前一年度期满前一个月内预缴。如果没有按规定时间缴纳或者缴纳数额不足的，可在年费期满之日起的六个月内补缴，同时缴纳相应数额的滞纳金，否则将丧失专利权。

(8) 申请维持费。发明专利申请自申请日起满两年尚未被授予专利权的，申请人应当自第三年度起缴纳申请维持费。

(9) 各项费用额度和缴费方式。各项费用额度和具体缴费方式在国家专利行政部门的回信中有明确的注明。一般采用通过邮局汇款的方式缴费。

(三) 获得授权后应注意事项

专利申请的审查和批准：专利局收到发明专利申请后，经初步审查认为符合专利法要求的，自申请日起满十八个月，即行公布。

1. 办理登记手续

国务院专利行政部门发出授予专利权的通知后，申请人应当自收到通知之日起两个月内办理登记手续，缴纳费用。

期满未办理登记手续的，视为放弃取得专利权的权利。

2. 专利权的终止

专利权保护期限已满或由于某种原因专利权失效。主要有以下几种情况：

(1) 没有按照规定缴纳年费；

(2) 专利权人以书面声明放弃专利权；

(3) 专利权期满，专利权即行终止。

3. 恢复专利权

专利局在发出终止通知书时，会给专利权人一个合理期限(两个月)来提出恢复权利的申请。申请人或专利权人可以请求恢复权利，专利权人逾期不申请，专利权最终丧失，除非专利权人因不可抗力或其他正当理由逾期。

第二节　申请文件的撰写

专利申请是获得专利权的必需程序。专利权的获得，要由申请人向国家专利机关提出申请，经国家专利机关批准并颁发证书。申请人在向国家专利机关提出专利申请时，应提交一系列的申请文件，包括：权利请求书、说明书、说明书摘要、说明书附图、摘要附图和权利要求书等。

专利申请书的撰写有很强的规范性，要求表达精准，不能有歧义。国家知识产权局给出了撰写专利申请文件的基本要求，以及示例。但针对某个具体的专利申请，并没有很清楚地给出撰写指南。申请者不容易准确地撰写申请文件，导致多次补正，既费事又影响申请进度，甚至不能获得批准。

一般情况，申请实用新型专利居多，外观专利的申请较为简单（参考本书后面的案例撰写）；发明专利与实用新型专利的申请文件格式一样，只是把“实用新型”换成“发明”即可。

一、专利的名称

专利名称应注意以下几个方面：

1. 一致性

说明书摘要、申请书、说明书、委托书等，以及其他证明文件中的名称均应一致。

2. 应简明、准确地描述专利请求保护的主题

例如，申请一个新型的将衣架和箱子整合创新的拉杆箱方面的专利，用：“衣架式拉杆箱”就比“一种拉杆箱”或“多功能拉杆箱”更准确，保护的主题更清晰明确，便于查询和检索。它列出了你要保护权利的诸多关键词：“衣架”“拉杆箱”。

3. 采用所属技术领域通用的技术用语

国家有统一规定的科技术语的，应当采用规范词。如：“格林威治”应为“格林尼治”、“声纳”应为“声呐”、“电脑”应为“电子计算机”。

4. 不应含有非技术词语

名称中不得含有非技术词语，包括人名、单位名称、商标、型号、代号等。比如，“周林拉杆箱”。

5. 不应有含糊、概括不当、过于抽象的词语

名称不得含有语意含糊的词语，例如“及其他”“及其类似物”等。也不得仅使用笼统的词语，致使未给出任何发明信息，例如：仅用“方法”“装置”“组合物”“化合物”等词作为发明名称。

6. 字数和标点符号

发明名称一般不得超过二十五个字(特殊情况下，例如，化学领域的某些发明，可以允许最多到四十个字)。名称中的字母、数字和标点符号均计算在字数内，每个字母、数字或标点符号算半个字。名称中不允许含有句号。另外，顿号、逗号、括号、引号、书名号、斜杠、反斜杠、破折号、省略号等标点符号在使语意不明确的情况下也是不允许的。

7. 不能出现宣传性用语

例如：涉及咖啡杯的专利申请，名称为“神奇咖啡杯”；涉及理疗仪器的专利申请，名称为“一种无敌理疗仪”，其中的“神奇”和“无敌”均为明显夸张用语，是不允许的。

8. 不应附有产品规格、大小、规模、数量单位

例如：“9 英寸手机”“中型衣架”“一副手套”等。

9. 不应以外国文字或无确定的中文意义的文字命名的名称

例如：“克莱斯酒瓶”。但已经众所周知并且含义确定的文字可以使用，例如：“DVD 播放机”“LED 灯”“USB 集线器”等。

10. 外观专利名称不应有描述技术效果、内部构造的内容

例如：“节油发动机”“人体增高鞋垫”“装有充电装置的汽车”等。

二、撰写前的准备工作

1. 确定涉及多少技术主题

充分理解和分析发明的内容与技术，确定能够授予专利权的主题。比如：发明了一种可以收纳伞袋的雨伞，如果只是对伞柄进行了创新设计，那么伞架与收缩杆就不属于申请内容。

2. 确定申请专利的种类

确定是产品发明，还是方法发明，或者是以何为主的发明。比如：发明了一台油腻刮刀刃磨机，就是又有设备，又有方法。如果是方法发明则只能申报发明专利。

3. 单一性

初步确定合案申请的多项发明是否具有单一性。比如：收纳伞袋的伞柄的多种结构方式可以合案申请。

4. 现有技术的调研和检索

对现有技术进行充分调研，进而确定合适的申请范围，进一步确定合案申请的单一性。

5. 确定是否将一些技术要点作为秘密技术予以保留

专利申请公开后可能透露多少技术秘密？技术披露不足可能不能获得专利授权，披露太多又可能导致技术外泄。爱迪生的灯泡专利就碰到这样的尴尬，当时爱迪生指控他人侵权，法官便让他按照自己专利披露的信息现场生产一个灯泡，由于专利公开披露的信息较少，结果爱迪生失败了。但专利说明书公开技术秘密太多又易于被他人抄袭仿冒，所以，一般的专利权人在申请专利之外都保留了一定的技术秘密。当然，在符合法律要求的前提下，技术秘密披露越少越好，最主要是要避免泄露关键的技术秘密。

三、请求书

请求书是申请人向专利局表示请求授予专利权愿望的一个表格形式的文件，由其启动专利申请和审批程序。国家专利行政部门给出了专利请求书的规定内容和格式。请求书应当写明发明或者实用新型的名称，发明人的姓名，申请人姓名或者名称，地址，以及其他事项。

四、说明书

说明书是一项发明或者实用新型申请专利的技术性基础文件，是权利要求书的依据，必要时可以用来解释权利要求书。其作为一项技术性法律文件，应当对发明或实用新型作出清楚、完整的说明，向全社会公开发明或实用新型的技术内容。使所属技术领域人员根据说明书所描述的技术内容，不需创造性劳动就能实现发明或者实用新型的技术方案，解决其技术问题，并产生预期的技术效果。

说明书应当写明发明或者实用新型的名称，并与请求书中的名称一致。

说明书撰写包括五个部分，应按照下列顺序撰写：

1. 所属技术领域

撰写要求：简要说明其所属技术领域或应用领域，目的是为便于分类、检索及其他专利活动的进行。可按国际分类表确定其直接所属技术领域，尽可能确定在其最低的分类位置上。

例如：本实用新型涉及一种××××××，尤其是××××××（或者：其特征是××××××）。

2. 背景技术

撰写要求：这一部分应对申请日前的现有技术进行描述和评价。指出当前的不足或有待改进之处或者自己的发明创造能解决的问题等等。应提供一至几篇在作用、目的及结构方面与本发明密切相关的对比资料，简述其主要结构或原理或工艺等内容，必要时可借助附图加以说明，并客观地指出其不足之处及其原因。为了方便专利审查，引经据典的内容应注明出处。如提供不出具体的文献资料，也应对现有技术的水平、缺点和不足作一介绍。

例如：目前，……

3. 发明内容

这一部分包括三方面内容：要解决的技术问题、技术方案和有益效果。

(1) 要解决的技术问题

撰写要求：针对最接近现有技术存在的问题，指出本发明或实用新型所要解决的问题和可实现的任务目标。

例如：为了克服××××××的不足，本实用新型……

本发明要解决的技术问题是提供一种……

本实用新型要解决的问题是……

(2) 技术方案

撰写要求：应清楚、完整地说明实用新型的形状、构造特征。机械产品应描述必要零部件及其整体结构关系；涉及电路的产品，应描述电路的连接关系；机电结合的产品还应写明电路与机械部分的结合关系；涉及分布参数的申请时，应写明元器件的相互位置关系；涉及集成电路时，应清楚公开集成电路的型号、功能等。

首先用一个自然段说明发明或实用新型的主要构思，以发明或实用新型必要技术特征总和形式来阐明发明或实用新型的实质内容。对于只有一个独立权利要求的专利申请，这一段应针对独立权利要求的技术方案进行描述，通常可采用独立权利要求的概括性词句来阐明其技术方案。

对于有两个或两个以上同类发明或实用新型的独立权利要求的专利申请，这一段最好先相应于这些技术解决方案的共同构思进行描述，然后再用几个自然段分别描述相应技术方案。

例如：

本实用新型针对上述现有技术的不足之处设计了“××××××”。

本实用新型解决其技术问题所采用的技术方案是：××××××。

作为优选，××××××。

××××××。

(3) 有益效果

撰写要求：说明本发明创造的优越性及积极效果。如结构简化、加工方便、生产效率提高、方便养护维修、绿色环保等等。

例如：本发明的有益效果是……解决了现有技术存在的问题。

4. 附图说明

撰写要求：附图说明部分应给出每一幅附图的图名。必要时可列出附图中的附图标记及它们所表示的部件名称。

例如：

下面结合附图和实施例对本实用新型进一步说明。

图 1 是实施例的三维图。

图 2 是实施例的主视图。

图 3 是实施例的俯视图。

图中符号说明：

01——×××××× 02——×××××× 03——××××××

……

5. 具体实施方式

撰写要求：至少描述实用新型优选的一个具体实施例。对照附图对实用新型的形状、构造进行说明，实施方式应与技术方案相一致，并且应当对权利要求的技术特征给予详细说明，以支持权利要求。附图中的标号应写在相应的零部件名称之后，使所属技术领域的技术人员能够理解和实现，必要时说明其动作过程或者操作步骤。如果有多个实施例，每个实施例都必须与本实用新型所要解决的技术问题及其有益效果相一致。

在申请内容十分简单情况下(即权利要求的技术特征总和所保护申请内容是具体的、单一的)，在说明书技术方案部分已对实施方式作过具体的描述，则在这部分可不必作重复描述。

例如：

下面结合附图对本实用新型作进一步说明：

实施例：在图 1 中，××××××。

除上述实施例外，本实用新型还可以有其他实施方式。凡采用等同替换或等效变换形成的技术方案，均落在本实用新型要求的保护范围。

最后一段还可以这样撰写：以上内容旨在说明本发明的技术手段，并非限制本发明的技术范围。本领域技术人员结合现有公知常识，对本发明做显而易见的改进，亦落入本发明权利要求的保护范围之内。

五、说明书附图

附图是说明书的一个组成部分，用图形对文字说明部分进行补充描述，能更直观、形象地表达发明和实用新型的技术特征。绘制附图应注意下列问题：

（1）实用新型的说明书中必须有附图，机械、电学、物理领域中涉及产品结构的发明说明书也必须有附图。

（2）发明或实用新型有几幅附图时，用阿拉伯数字顺序编图号，几幅附图可绘在一张图纸上，按顺序排列，彼此应明显地分开。

（3）图通常应竖直绘制，当零件横向尺寸明显大于竖向尺寸必须水平布局时，应当将图的顶部置于图纸左边。同一页上各幅图的布局应采用同一方式。

（4）同一部件的附图标记在前后几幅图中应一致，即使用相同的附图标记，同一附图标记不得表示不同的部件。

（5）说明书中未提及的附图标记不得在附图中出现，说明书中出现的附图标记至少应在一幅附图中加以标记。

（6）附图的大小及清晰度应当保证在该图缩小到三分之二时仍能清楚地分辨出图中的各个细节。

（7）附图中除必需词语外（如电路或程序的方框图、流程图），不应包含有其他注释。

（8）说明书附图集中放在说明书文字部分之后。

（9）说明书附图应当使用包括计算机在内的制图工具和黑色墨水绘制，线条应当均匀清晰、足够深，不得着色和涂改，不得使用工程蓝图。一般不得使用照片作为附图，但特殊情况下，例如，显示金相结构、组织细胞图或者电泳图谱时，可以使用照片贴在图纸上作为附图。

六、说明书摘要

说明书摘要应保证与说明书的高度一致性，应是说明书的精准提炼。具体应写明实用新型的名称、技术方案的要点以及主要用途，尤其是写明实用新型主要的形状和构造特征。

摘要全文不超过三百字，摘要全文不分段。

不得使用商业性的宣传用语。

通用的撰写格式为：本实用新型公开了一种……

七、摘要附图

摘要附图是从说明书附图中选出的一幅最能反映发明内容的图。

八、权利要求书

权利要求书是用技术特征的总和来表达发明和实用新型的技术方案，其本质是作为确定专利权保护范围的法律性文件。

1. 权利要求的类型

权利要求按照保护范围和撰写形式划分为两种：独立权利要求和从属权利要求。

(1) 独立权利要求

独立权利要求从整体上反映发明或者实用新型的技术方案，记载解决其技术问题所需的必要技术特征。即发明或者实用新型为解决其技术问题所不可缺少的技术特征，其总和足以构成发明或者实用新型的保护客体，使之区别于其他技术方案。

(2) 从属权利要求

如果一项权利要求包含了另一项权利要求中的所有技术特征且对另一项权利要求的技术方案作进一步限定，则该权利要求为另一项权利要求的从属权利要求。从属权利要求用附加技术特征对被引用的权利要求作进一步限定。

附加技术特征是指，发明和实用新型为解决其技术问题所不可缺少的技术特征之外再附加的技术特征。它与所解决的技术问题有关，可以是对引用权利要求中的技术特征作进一步限定的技术特征，也可以是增加的技术特征。

一件申请的权利要求书中，至少包括一项独立权利要求，还可以包括从属权利要求。

2. 权利要求书的撰写要求

(1) 以说明书为依据

权利要求应以说明书为依据，每一项权利要求，在说明书中都应有清楚、充分的记载。并且每一项权利要求所要求保护的技术方案应当是本领域普通技术人员不用创造而从说明书中记载的内容能直接导出或概括得出。

(2) 权利要求的数目应当合理

应写出其他欲侵权者无法绕过的关键技术保护要点，其他非必要的、非关键性的技术特征写入从属权利要求。根据侵权判定中的“全面覆盖原则”，如该专利权利要求中写了三项，人家只侵犯你其中两项，不算侵权。所以，要写得越精越好，而不是越多越好。

(3) 权利要求中包括几项权利要求的，应当用阿拉伯数字顺序编号。

(4) 若有几项独立权利要求，各自的从属权利要求应尽量紧靠其所引用的权利要求。

(5) 每一项权利要求只允许在其结尾使用句号，以强调其含义是不可分割的整体。

(6) 权利要求中使用的科技术语应当与说明书中使用的一致。

(7) 权利要求中可以有化学式、化学反应式或者数学式，但不得有插图。

(8) 应使用确定的技术用语，不得使用技术概念模糊的语句，如“等”“大约”“左右”……不应使用“如说明书……所述”或“如图……所示”等用语。

(9) 权利要求中通常不允许使用表格，除非使用表格能够更清楚地说明发明或实用新型要求保护的客体。

(10) 权利要求中的技术特征可以引用说明书附图中相应的附图标记，但必须带括号，且附图标记不得解释为对权利要求保护范围的限制。

(11) 除附图标记或者其他必要情形必须使用括号外，权利要求中应当尽量避免使用括号。

(12) 一般情形下，权利要求不得引用人名、地名、商品名或者商标名称。

3. 独立权利要求

尽量撰写出一个保护范围较宽的独立权利要求。应尽量采用概括性的描述来表达技术特征。

撰写格式为：1. 一种××××××，其特征是：××××××。

例如：1. 一种可收纳伞袋的伞柄，包括伞柄支持部分(1)，其特征是：伞柄支持部分(1)……

4. 从属权利要求

为了增加获得专利授权的可能性和更有利于授权后的专利维护，针对具体实施方式撰写从属权利要求，层层递进。从属权利要求可以引用在前的独立权利要求，也可以引用在前的从属权利要求，但不得引用在其后面的权利要求。

撰写格式为：2. 根据权利要求 1 所述的××××××，其特征是：××××××。

例如：2.根据权利要求 1 所述的可收纳伞袋的伞柄，其特征是：所述固定内壳(2)底部缺口呈扇形……

下面给出专利申请文件的真实样本，能对大家有所帮助。

第三节　外观专利申请案例

外观专利申请文件撰写相对比较简单，包含三部分内容：专利申请书、外观设计图片或照片、简要说明。只要将产品的六个基本视图、立体图或照片按规定位置放置，并写出简单的产品说明即可。对于没有表达要点的图可以省略，但需在简要说明里注明。具体要求在专利局给定的表格里面均有详细的说明。

如果需要保护色彩，则需要彩色图片，且需要注明。

一、电水壶

（一）外观设计图片或照片

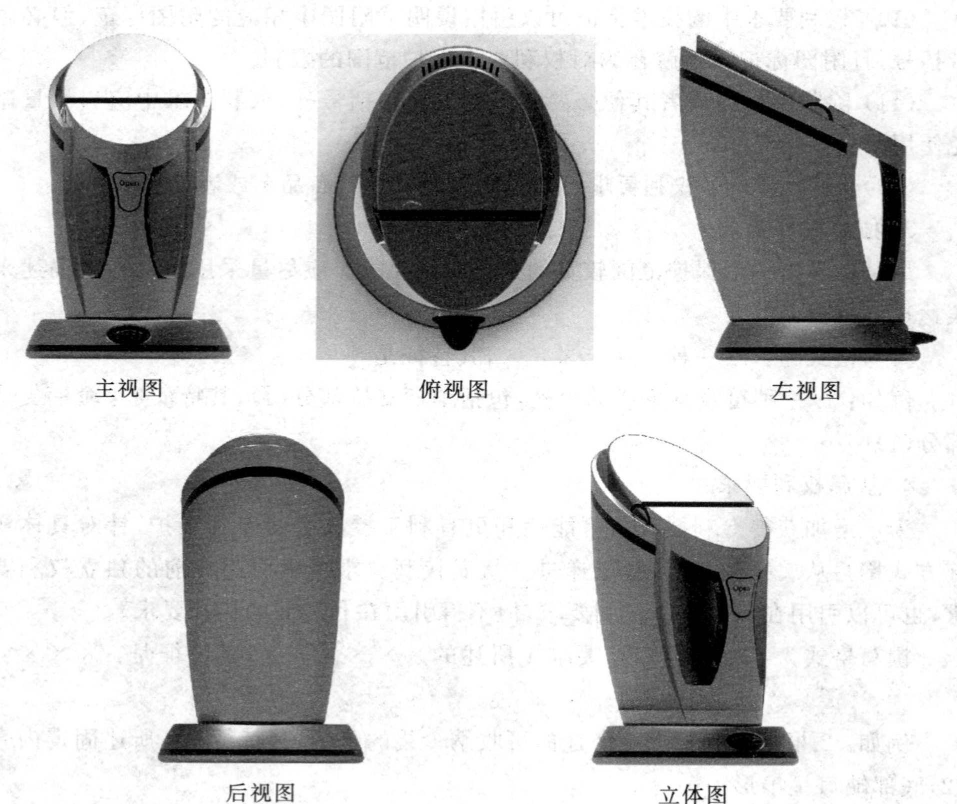

主视图　　俯视图　　左视图

后视图　　立体图

(二) 简要说明

1. 本外观设计产品的名称：电水壶。
2. 本外观设计产品的用途：煮水。
3. 本外观设计的设计要点：电水壶的整体形状。
4. 最能表明设计要点的图片或者照片：立体图。
5. 左视图与右视图对称，省略右视图。
6. 仰视图没有设计要点需表达，省略仰视图。

二、墙角灯

(一) 外观设计图片或照片

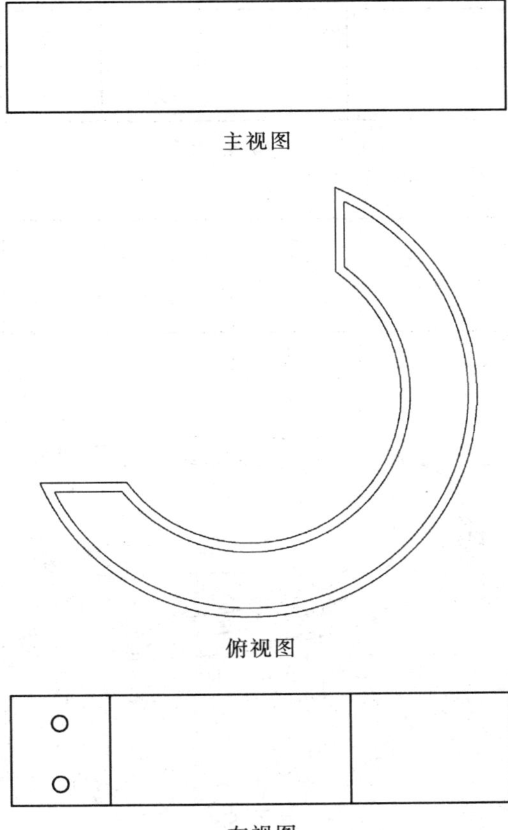

主视图

俯视图

左视图

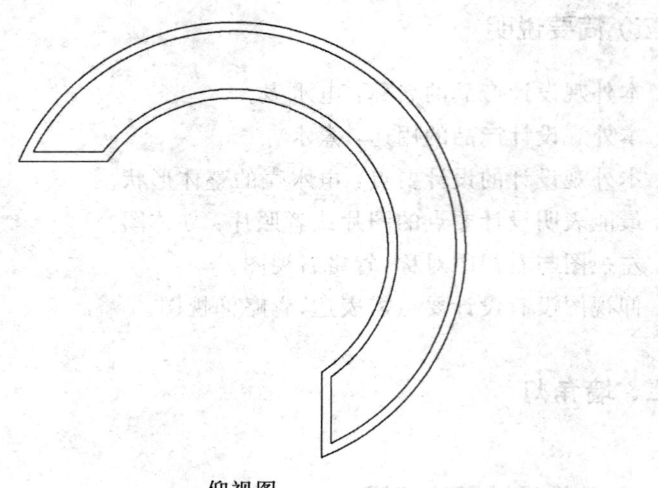

仰视图

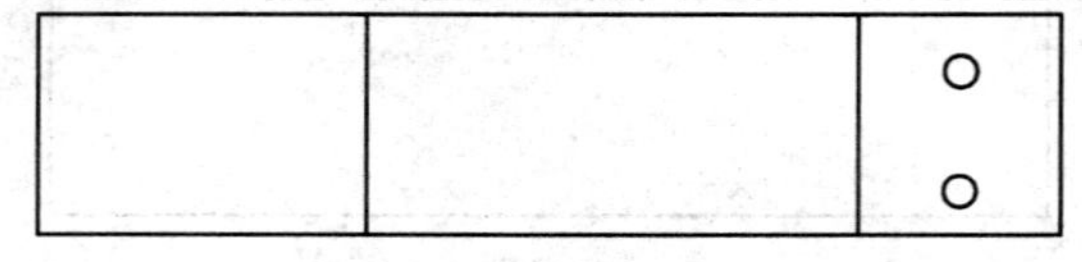

右视图

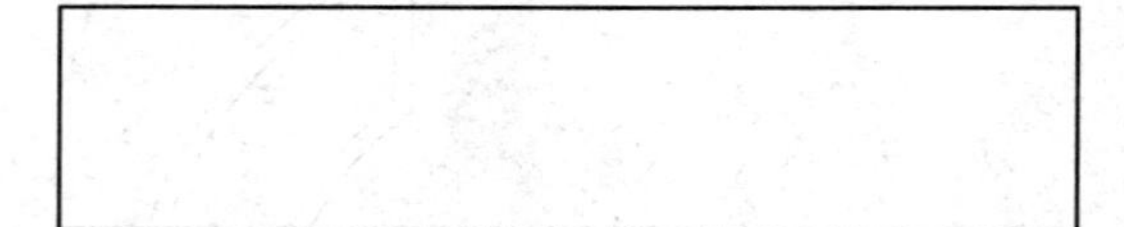

后视图

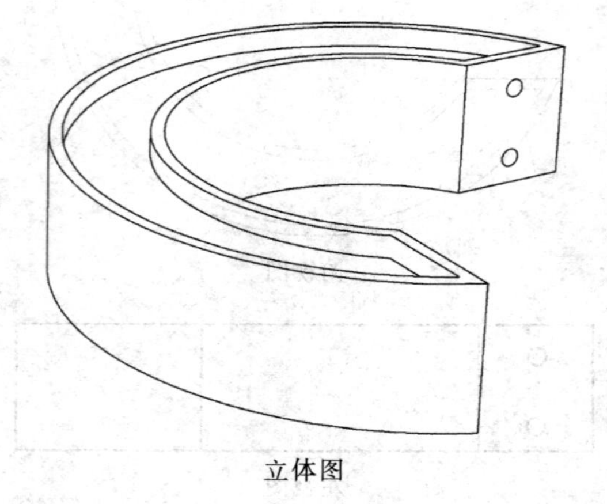

立体图

（二）简要说明

1. 本外观设计产品的名称：墙角灯。
2. 本外观设计产品的用途：安装在墙的阳角上。
3. 本外观设计的设计要点：墙角灯的整体形状。
4. 最能表明设计要点的图片或者照片：立体图。

三、净菜自动售货机

（一）外观设计图片或照片

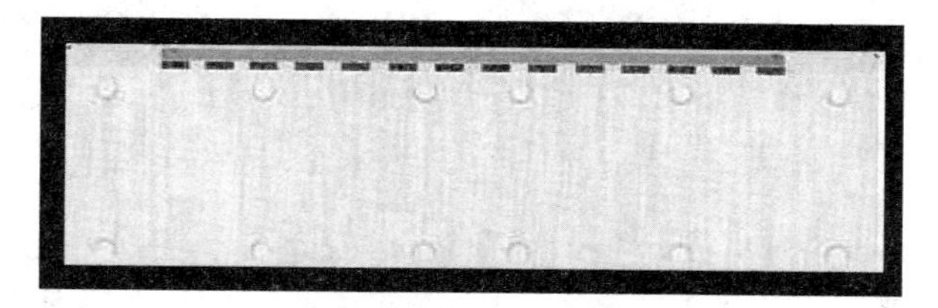

仰视图

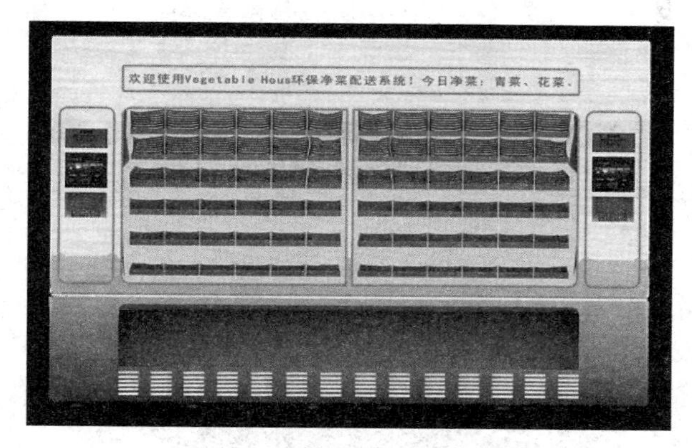

主视图

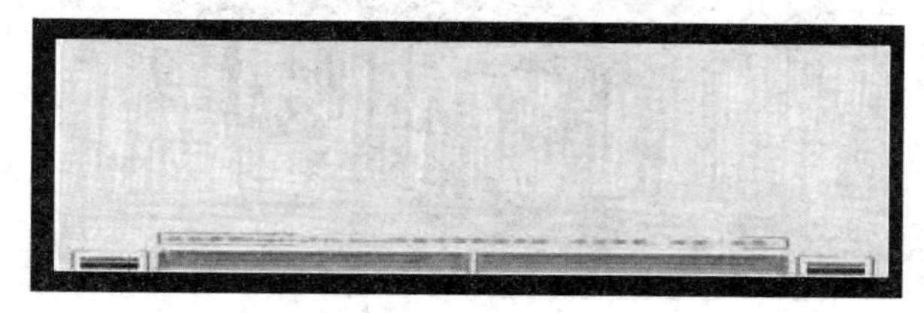

俯视图

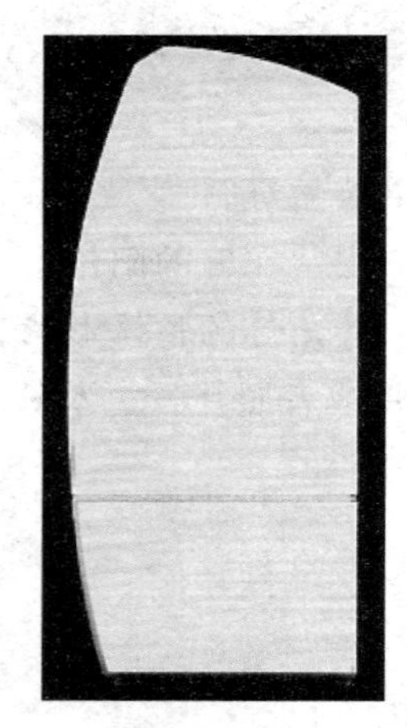

右视图

后视图

立体图

（二）简要说明

1. 本外观设计产品的名称：净菜自动售货机。
2. 本外观设计产品的用途：净菜冷藏和销售。
3. 本外观设计的设计要点：净菜自动售货机的整体形状。
4. 最能表明设计要点的图片或者照片：立体图。
5. 左视图与右视图对称，省略左视图。

四、台灯（DNA）

（一）外观设计图片或照片

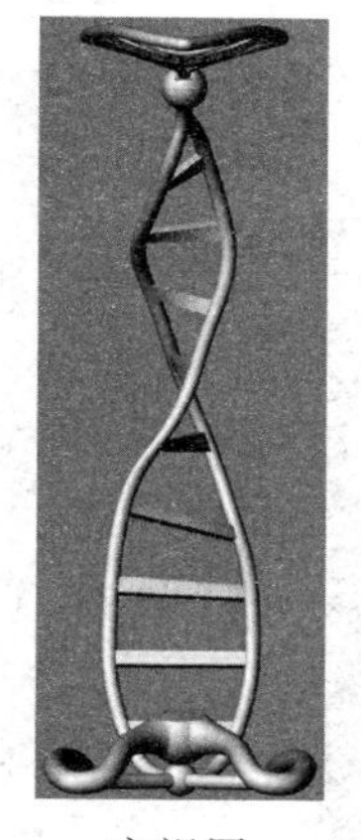
主视图

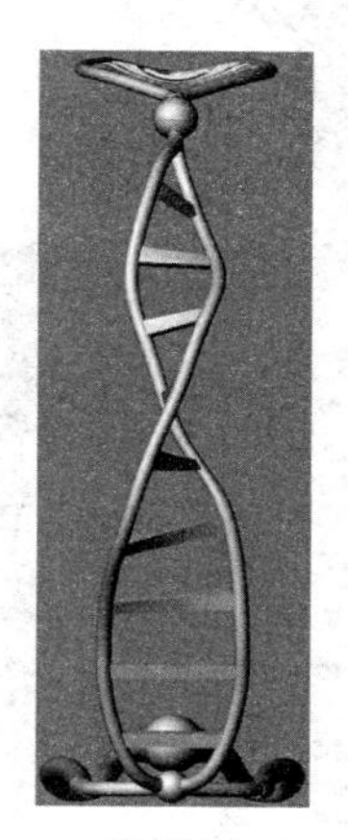
后视图

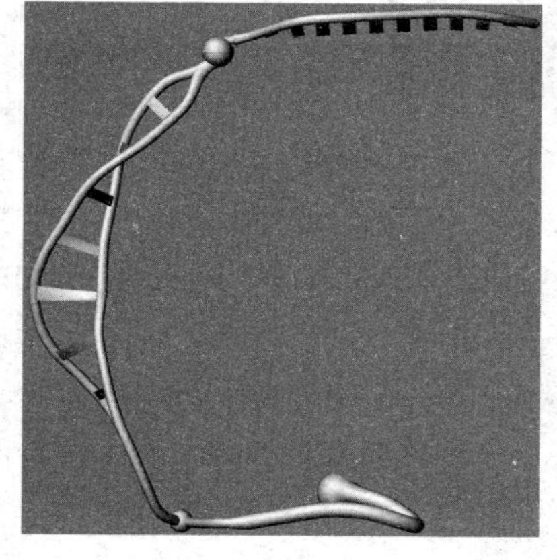
左视图

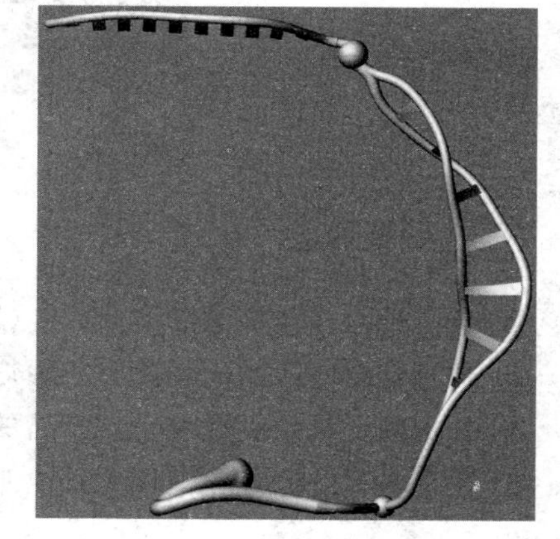
右视图

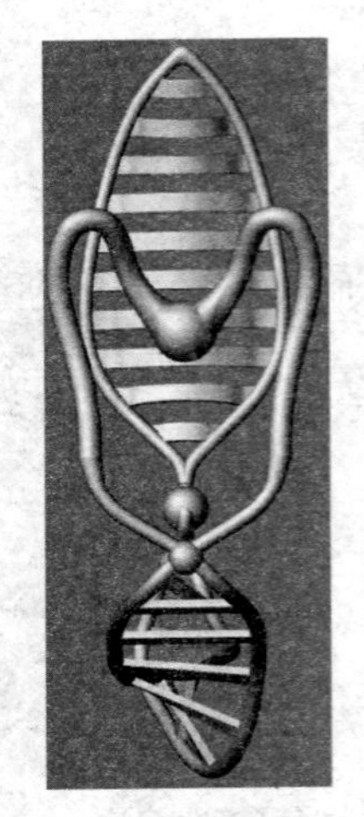
仰视图

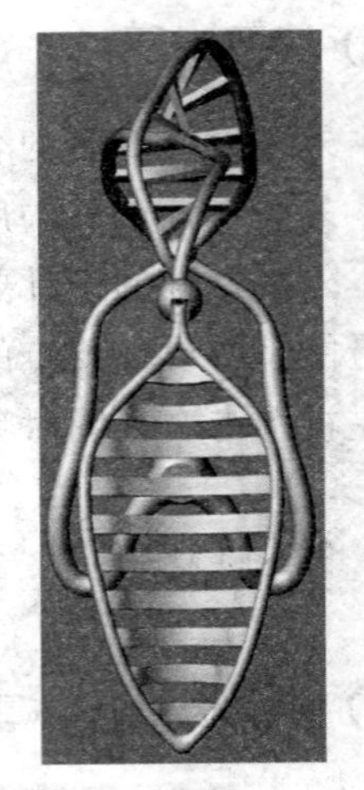
俯视图

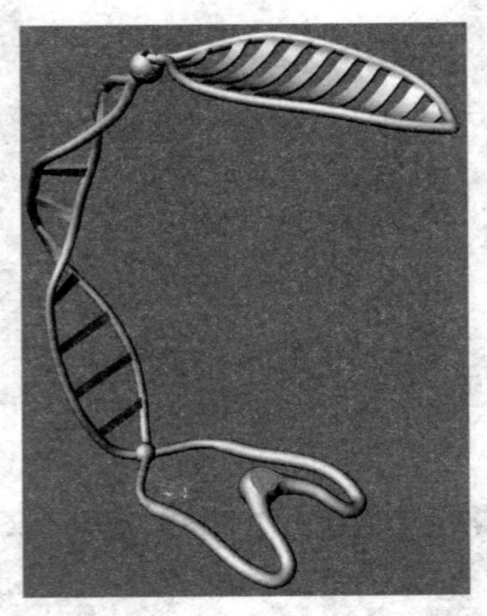
立体图

(二)简要说明

1. 本外观设计产品的名称：台灯(DNA)。
2. 本外观设计产品的用途：一种灯。
3. 本外观设计的设计要点：产品的外形。
4. 最能表明设计要点的图片或者照片：立体图。

第四节　实用新型专利申请案例

实用新型专利和发明专利的申请文件较为复杂，包括：专利申请书、说明书摘要、摘要附图、权利要求书、说明书和说明书附图。

一、衣架式行李箱

（一）说明书摘要

本实用新型涉及一种衣架式行李箱，包括箱体，箱体上设有可折叠的衣架杆，当衣架杆折叠时其可折叠部分没入箱体侧面与其形状相配合的凹槽内。实用新型有益的效果是：本实用新型结构合理，开拓了旅行箱的使用方式，在外住宿或露营时能够利用旅行箱作为衣架，起到挂晾衣服的作用，同时在家时也可以增加旅行箱的实用性，起到将衣架和收纳箱合二为一的作用。

（二）摘要附图

摘要附图是最能反映本实用新型的形状、结构、原理等内容的图，一般是在说明书附图中确定一张。由于篇幅的原因，不再重复展示。以下案例同样处理，不再赘述。

（三）权利要求书

1. 一种衣架式行李箱，包括箱体(1)，其特征是：箱体(1)上设有可折叠的衣架杆，当衣架杆折叠时其可折叠部分没入箱体(1)侧面与其形状相配合的凹槽(12)内。

2. 根据权利要求1所述的衣架式行李箱，其特征是：所述衣架杆包括固定套杆(3)、第二节衣架杆(4)和第一节衣架杆(5)，固定套杆(3)固定于箱体(1)内，第二节衣架杆(4)与固定套杆(3)采用抽拉式活动连接，第一节衣架杆(5)与第二节衣架杆(4)采用可折叠式连接。

3. 根据权利要求2所述的衣架式行李箱，其特征是：所述第二节衣架杆(4)下方设有弹簧片(2)，固定套杆(3)上设有与弹簧片(2)上的凸起(13)相配合的小孔(14)。

4. 根据权利要求2所述的衣架式行李箱，其特征是：所述第一节衣架杆(5)和

第二节衣架杆(4)通过销轴(6)连接。

5. 根据权利要求4所述的衣架式行李箱，其特征是：按钮卡扣(8)和弹簧(7)通过小盖板(10)封设于第一节衣架杆(5)内，按钮卡扣(8)上的凸起圆柱(15)和卡扣结构(16)穿过第一节衣架杆(5)的侧方，第二节衣架杆(4)内设有与卡扣结构(16)配合的卡槽。

6. 根据权利要求2所述的衣架式行李箱，其特征是：所述箱体(1)上设有用于固定折叠后的第一节衣架杆(5)的卡扣(11)。

7. 根据权利要求6所述的衣架式行李箱，其特征是：所述箱体(1)上设有月牙形凹槽(17)，卡扣(11)设于月牙形凹槽(17)内。

(四) 说明书

衣架式行李箱

技术领域

本实用新型涉及一种行李箱，尤其是一种衣架式行李箱。

背景技术

在生活中，我们经常用到旅行箱，但目前的旅行箱存在着使用的局限性。如何解决在外住宿或露营时衣服不方便挂晾、随意乱放的问题，以及行李箱在家中的摆放问题，尤其在学生宿舍，由于空间狭小，没有单独设置衣帽架。增加旅行箱的实用性，减少占用的空间，成为一个值得研究的方向。

发明内容

本实用新型要解决上述现有技术的缺点，提供一种能增加实用性，方便挂晾衣物的衣架式行李箱。

本实用新型解决其技术问题采用的技术方案：这种衣架式行李箱，包括箱体，箱体上设有可折叠的衣架杆，当衣架杆折叠时其可折叠部分没入箱体侧面与其形状相配合的凹槽内。

作为优选，所述衣架杆包括固定套杆、第二节衣架杆和第一节衣架杆，固定套杆固定于箱体内，第二节衣架杆与固定套杆采用抽拉式活动连接，第一节衣架杆与第二节衣架杆采用可折叠式连接。采用三段式连接，可使得衣架具有足够高度。

作为优选，所述第二节衣架杆下方设有弹簧片，固定套杆上设有与弹簧片上的凸起相配合的小孔，防止第二节衣架杆从固定套杆中拔出，也限制其下滑。

作为优选，所述第一节衣架杆和第二节衣架杆通过销轴连接，该连接方式为可折叠式连接的一种连接方式。

作为优选，按钮卡扣和弹簧通过小盖板封设于第一节衣架杆内，按钮卡扣上的凸起圆柱和卡扣结构穿过第一节衣架杆的侧方，第二节衣架杆内设有与卡扣结构配合的卡槽，可在第一节衣架杆折叠后对其进行固定。

作为优选，所述箱体上设有用于固定折叠后的第一节衣架杆的卡扣。

作为优选，所述箱体上设有月牙形凹槽，卡扣设于月牙形凹槽内，便于用手将第一节衣架杆从凹槽中取出。

实用新型有益的效果是：本实用新型结构合理，开拓了旅行箱的使用方式，在外住宿或露营时能够利用旅行箱作为衣架，起到挂晾衣服的作用，同时也可以增加旅行箱在家时的实用性，起到将衣架和收纳箱合二为一的作用。

附图说明

图 1 是本实用新型展开状态的结构示意图；

图 2 是本实用新型收拢状态的结构示意图；

图 3 是第一节衣架杆与第二节衣架杆连接处的爆炸图；

图 4 是第二节衣架杆与固定套杆连接处的爆炸图；

图 5 是本实用新型收拢状态的俯视图。

附图标记说明：箱体 1、弹簧片 2、固定套杆 3、第二节衣架杆 4、第一节衣架杆 5、销轴 6、弹簧 7、按钮卡扣 8、拉杆手柄 9、小盖板 10、卡扣 11、凹槽 12、凸起 13、小孔 14、凸起圆柱 15、卡扣结构 16、月牙形凹槽 17。

具体实施方式

下面结合附图对本实用新型作进一步说明：

实施例：一种衣架式行李箱，包括箱体 1，箱体 1 上设有可折叠的衣架杆，当衣架杆折叠时，其可折叠部分没入箱体 1 侧面与其形状相配合的凹槽 12 内。保证衣架收起后箱子整体的大表面平整。

本实施例中衣架杆包括固定套杆 3、第二节衣架杆 4 和第一节衣架杆 5，固定套杆 3 固定于箱体 1 内，第二节衣架杆 4 与固定套杆 3 采用抽拉式活动连接，第一节衣架杆 5 与第二节衣架杆 4 采用可折叠式连接。

如图 4，在第二节衣架杆 4 的下方装有一个弹簧片 2，当第二节衣架杆 4 从固定套杆 3 中拉出到可以到达的最高位置时，弹簧片 2 上的小凸起 13 卡入固定套杆

3 上端的小孔 14 内,固定第二节衣架杆 4 和固定套杆 3 的相对位置,起到既不会将第二节衣架杆 4 从固定套杆 3 中拔出,又不会自动下滑的作用。

所述第一节衣架杆 5 和第二节衣架杆 4 通过销轴 6 连接。第一节衣架杆 5 可以绕销轴 6 转动。

所述箱体 1 上设有用于固定折叠后的第一节衣架杆 5 的卡扣 11。在第一节衣架杆 5 折叠后卡入卡扣 11 内,将衣架部分固定在箱体 1 上。

所述箱体 1 上设有月牙形凹槽 17,卡扣 11 设于月牙形凹槽 17 内。方便手从装在箱子上的卡扣 11 中搬出第一节衣架杆 5。

如图 3,在第一节衣架杆 5 下端装有按钮卡扣 8 和弹簧 7,小盖板 10 将两者封于第一节衣架杆 5 中。在将第一节衣架杆 5 从卡扣 11 中搬出,展开竖起后,按钮卡扣 8 下方的卡扣结构 16,在弹簧 7 的作用下,卡入第二节衣架杆 4 中的卡槽内,将第一节衣架杆 5 和第二节衣架杆 4 连接固定,如图 1 所示。手按按钮卡扣 8 上的凸起圆柱 15,按钮卡扣 8 下方的卡扣结构 16 从第二节衣架杆 4 中的卡槽内退出,将第一节衣架杆 5 折起收拢,卡入卡扣 11 中,收起衣架,如图 2、图 5 所示。

除上述实施例外,本实用新型还可以有其他实施方式。凡采用等同替换或等效变换形成的技术方案,均落在本实用新型要求的保护范围。

(五) 说明书附图

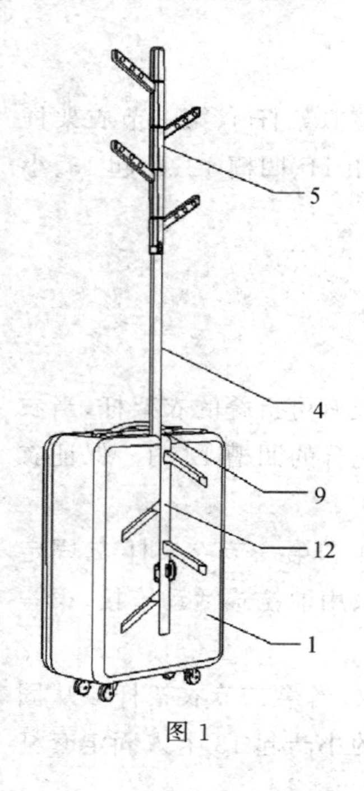

图 1

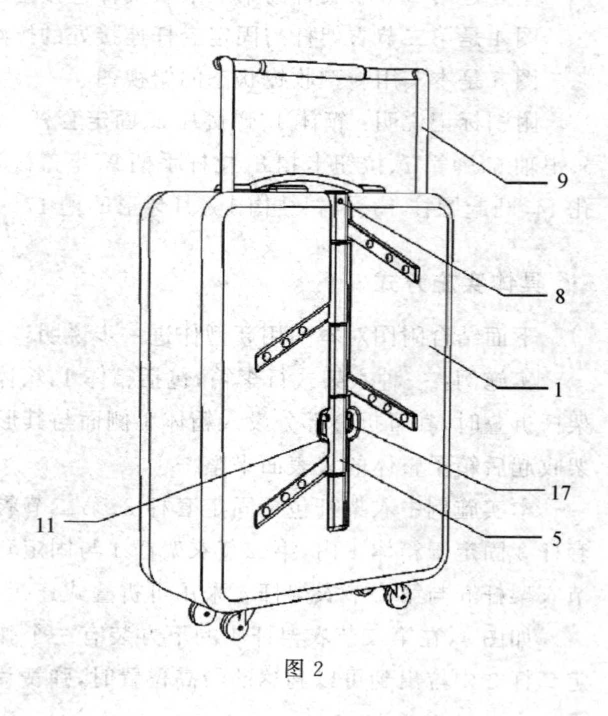

图 2

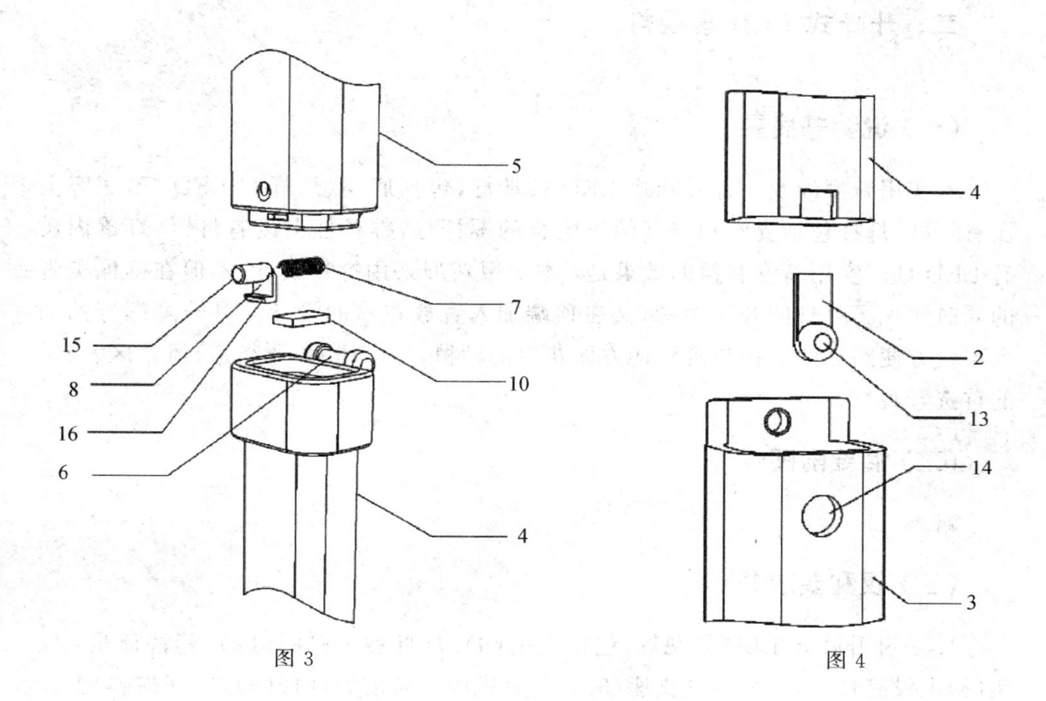

图 3　　　　　　　　图 4

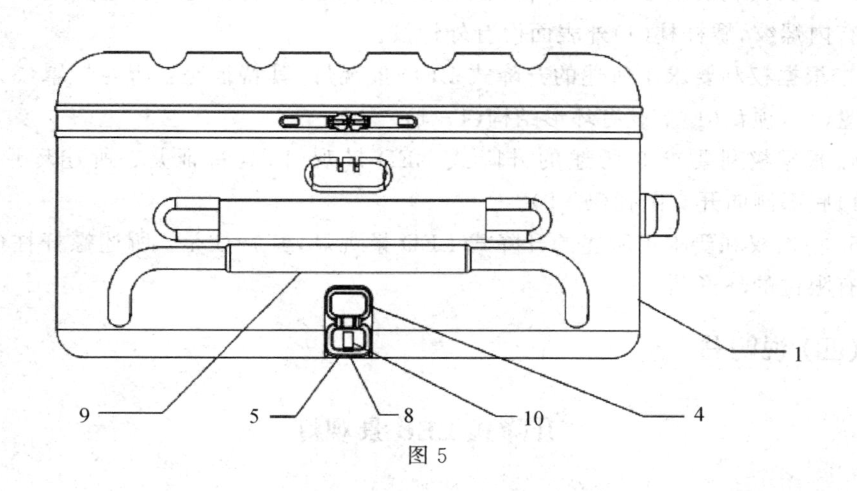

图 5

二、升降式LED景观灯

(一) 说明书摘要

本实用新型涉及一种升降式LED景观灯,包括底座、灯杆和LED灯,底座上设有灯杆,灯杆包括支座和与其螺纹配合的螺杆柱,螺杆柱上设有灯罩,灯罩内设有LED灯。实用新型有益的效果是:本实用新型采用螺杆设计,不但在确保美观的同时实现了路灯的升降功能,又在顶端加入置放花盆的设计。可升降螺杆的加入不仅方便路灯的养护与维修还方便花草的种植,是广场、商业街道、风景区、公园的首选景观灯。

(二) 摘要附图

略。

(三) 权利要求书

1. 一种升降式LED景观灯,包括底座(6)、灯杆和LED灯(2),其特征是:底座(6)上设有灯杆,灯杆包括支座(5)和与其螺纹配合的螺杆柱(4),螺杆柱(4)上设有灯罩(3),灯罩(3)内设有LED灯(2)。

2. 根据权利要求1所述的升降式LED景观灯,其特征是:所述支座(5)内表面设有内螺纹,螺杆柱(4)外表面设有外螺纹。

3. 根据权利要求1所述的升降式LED景观灯,其特征是:所述灯罩(3)上设有顶盘(1),顶盘(1)上设有环形结构(1-1)。

4. 根据权利要求3所述的升降式LED景观灯,其特征是:所述环形结构(1-1)底部侧向开有圆孔(1-2)。

5. 根据权利要求1所述的升降式LED景观灯,其特征是:所述螺杆柱(4)底部设有限位的环形凸台(4-1)。

(四) 说明书

升降式LED景观灯

技术领域

本实用新型涉及一种LED景观灯,尤其是一种升降式LED景观灯。

背景技术

目前，市场上的路灯和景观灯高度都是固定的，给维修带来不便和安全隐患。

发明内容

本实用新型解决了上述现有技术的缺点，提供了一种可调节高度的升降式LED景观灯。

本实用新型解决其技术问题采用的技术方案：这种升降式LED景观灯，包括底座、灯杆和LED灯，底座上设有灯杆，灯杆包括支座和与其螺纹配合的螺杆柱，螺杆柱上设有灯罩，灯罩内设有LED灯。

作为优选，所述支座内表面设有内螺纹，螺杆柱外表面设有外螺纹。靠内外螺纹的旋合实现灯杆的高度调节。

作为优选，所述灯罩上设有顶盘，顶盘上设有环形结构。可用于放置花盆。

作为优选，所述环形结构底部侧向开有圆孔。用于流出花盆里多余的水。

作为优选，所述螺杆柱底部设有限位的环形凸台。防止螺杆柱在上升时从支座中旋出。

实用新型有益的效果是：本实用新型采用螺杆设计，不但在确保美观的同时实现了路灯的升降功能，又在顶端加入置放花盆的设计。可升降螺杆的加入不仅方便路灯的养护与维修还方便花草的种植，是广场、商业街道、风景区、公园的首选景观灯。

附图说明

图1是本实用新型升高时的结构示意图；

图2是本实用新型降低时的结构示意图；

图3是图1中A处的放大示意图。

附图标记说明：顶盘1，环形结构1-1，圆孔1-2，LED灯2，灯罩3，螺杆柱4，环形凸台4-1，支座5，底座6。

具体实施方式

下面结合附图对本实用新型作进一步说明：

实施例：这种升降式LED景观灯，包括底座6、灯杆和LED灯2，底座6上设有灯杆，灯杆包括支座5和与其螺纹配合的螺杆柱4，螺杆柱4上设有灯罩3，灯罩3内设有LED灯2。在螺杆柱4外表面和支座5的内表面分别加工出外螺纹和内螺纹结构,靠内外螺纹的旋合实现灯杆的高度调节,如图 1 和图 2 所示。在顶盘 1 上设有一个凸起的环形结构 1-1,并在环形结构底部侧向开有一圆孔 1-2,分别用于放置花盆和流出花盆里多余的水。如图 3 所示,在螺杆柱 4 的底部设有环形凸台 4-1,可防止螺杆柱 4 在上升时从支座 5 中旋出。

除上述实施例外,本实用新型还可以有其他实施方式。凡采用等同替换或等效变换形成的技术方案,均落在本实用新型要求的保护范围。

(五) 说明书附图

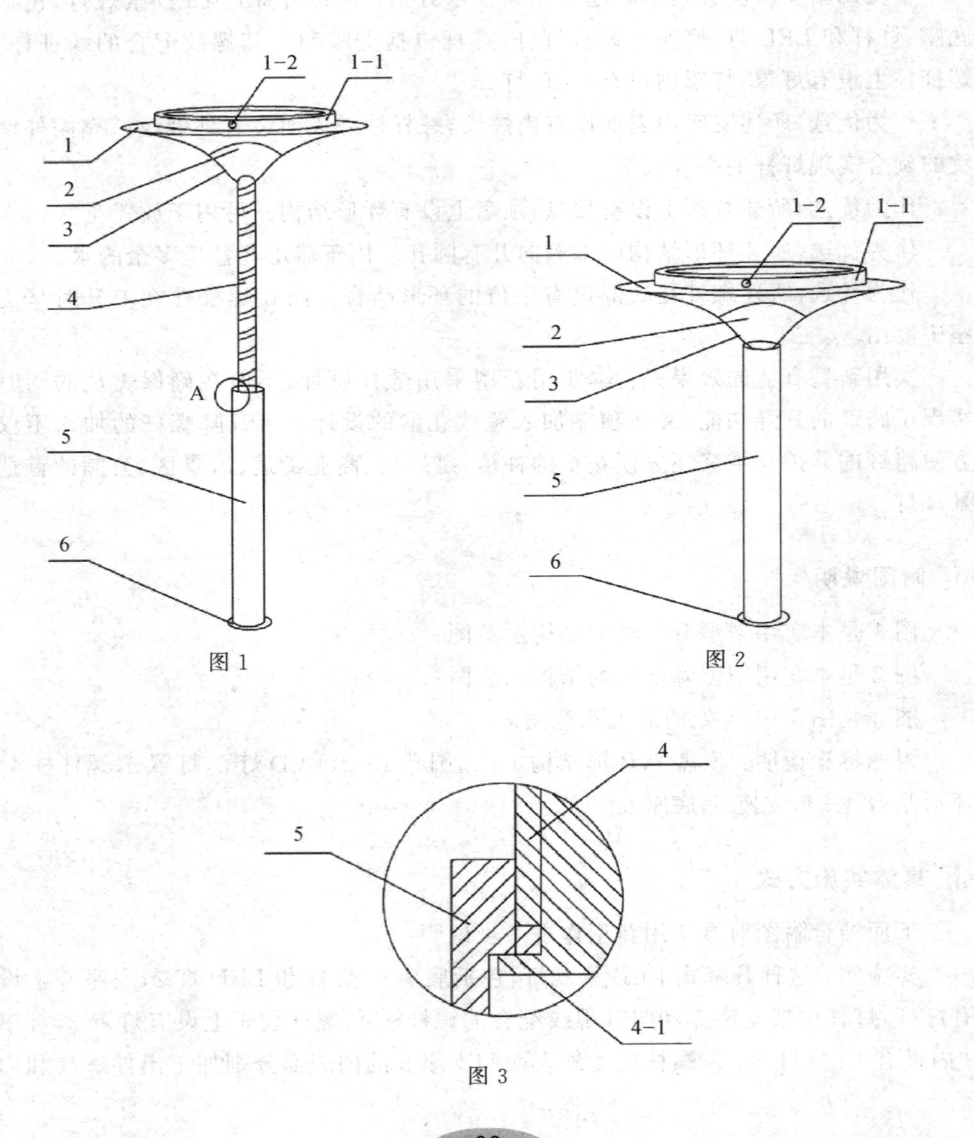

图 1　图 2

图 3

三、一种蒸架

（一）说明书摘要

本实用新型涉及一种家庭用的烹饪用具，尤其涉及一种在电饭煲内使用的蒸架。本实用新型包括圆柱形壁(04)、圆形底板(05)、边沿(01)、槽(03)和手柄(02)。其特征是：在圆柱形壁(04)四周均匀分布一些上下贯通的槽(03)，并在槽口边缘设置手柄(02)。本实用新型方便将蒸架从电饭煲中取出以及从蒸架中取出物品，解决了现有技术所存在的问题。

（二）摘要附图

略。

（三）权利要求书

1. 一种蒸架，包括圆形底板、圆柱形壁、边沿、手柄和槽，其特征在于：所述的槽均匀分布在蒸架圆柱形壁的四周，并且上下贯通。

2. 根据权利要求1所述的蒸架，其特征在于：所述的手柄设置在每个槽的上边缘。

（四）说明书

一种蒸架

技术领域

本实用新型涉及一种家庭用的烹饪用具。

背景技术

随着社会的不断进步，人们对生活用品的品质要求越来越高，希望生活越来越方便。目前电饭煲应用面越来越广，但现有的电饭煲蒸架结构让蒸架从电饭煲中取出以及从蒸架中取出物品均不方便。

鉴于此，本发明人设计了此实用新型蒸架——一种蒸架。

发明内容

本实用新型针对上述现有技术的不足之处设计了"一种蒸架"。

本实用新型涉及一种家庭用的烹饪用具,尤其涉及一种在电饭煲内使用的蒸架。

本实用新型解决其技术问题所采用的技术方案是:包括符合电饭煲内胆形状的圆形底板、圆柱形壁、边沿、手柄和槽。

作为优选,所述槽均匀分布在圆柱形壁的四周且上下贯通。方便在蒸架从电饭煲中取出后从蒸架中取出物品。

作为优选,所述手柄设置在每个槽的上边缘。使用者通过这些手柄可以方便地将蒸架从电饭煲中取出。

实用新型有益的效果是:本发明结构合理,效果好,方便将蒸架从电饭煲中取出以及从蒸架中取出物品,解决了现有技术所存在的问题。

附图说明

下面结合附图和实施例对本实用新型作进一步说明。

图 1 是实施例的三维图;

图 2 是实施例的主视图;

图 3 是实施例的俯视图。

附图标记说明:

01——边沿　　04——圆柱形壁

02——手柄　　05——圆形底板

03——槽

具体实施方式

本实施例包括圆柱形壁、圆形底板、边沿及均匀分布在圆柱形壁四周的上下贯通的槽和手柄。

在图 1 中,圆柱形壁(04)、圆形底板(05)和边沿(01)相连成一体,圆柱形壁(04)四周设置有均匀分布且上下贯通的 4 个槽(03)及 8 个手柄(02)。

以上所述仅是本实用新型蒸架的较佳实例而已,并非对本实用新型的技术范围作任何限制,凡是依据本实用新型的技术实质对以上的实施例所做的任何细微修改、等同变化与修饰,均仍属于本实用新型技术方案的范围内。

（五）说明书附图

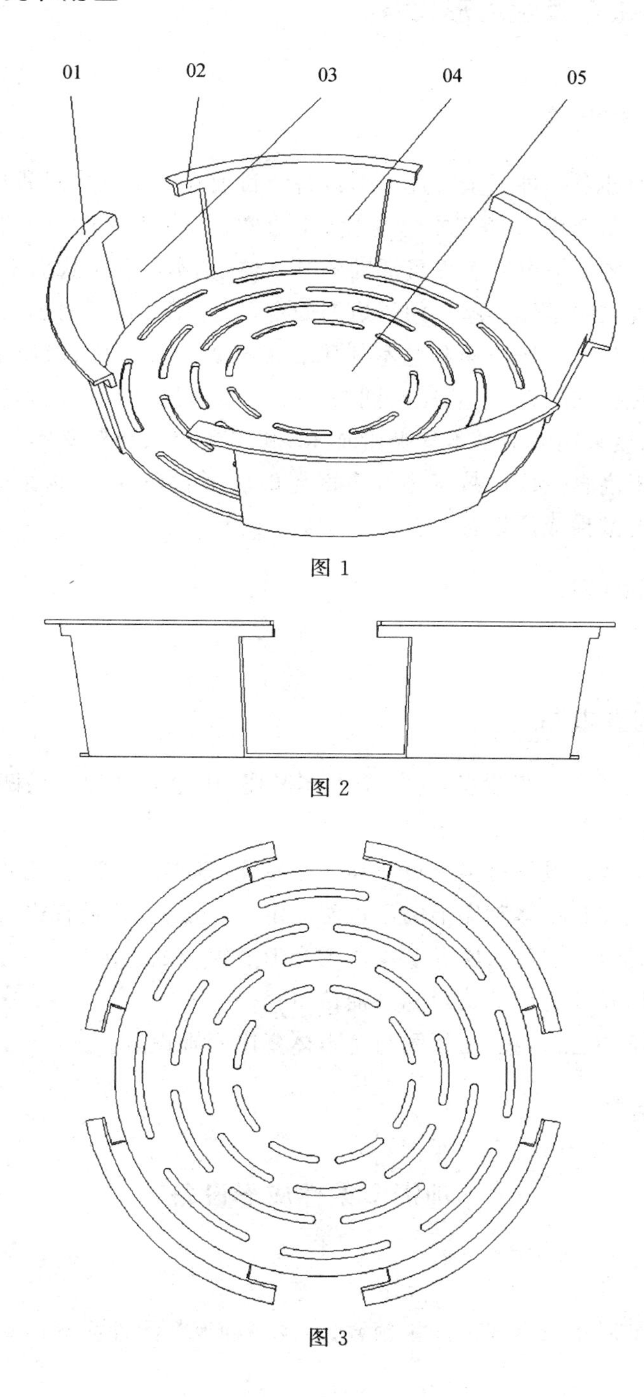

图 1

图 2

图 3

四、一种钣金柔性成形设备

(一) 说明书摘要

本实用新型涉及一种钣金柔性成形设备。目前在钣金制作过程中基本体调形较费时间。本实用新型包括基本体基座、压边圈、密封垫、凹模垫、液压盖和基本体。基本体基座腔内设置有多根可活动的基本体,基本体顶部设置有凹模垫,凹模垫的边沿由设置在基本体基座上的压边圈固定,压边圈上设置有密封垫,液压盖设置在密封垫上,液压盖、压边圈和基本体围合形成钣金加工区;液压盖开有出油接口和进油接口;液压盖、密封垫、压边圈与基本体基座同轴设置。本实用新型用液体代替凸模,凹模采用多根基本体调形而成,利用数控系统对基本体群进行调形,并采用凹模垫提高多点成形技术中钣金面轮廓度形状精度,为钣金的成形提供了一种高效无模的柔性成形设备。

(二) 摘要附图

略。

(三) 权利要求书

1. 一种钣金柔性成形设备,包括基本体基座、压边圈、密封垫、凹模垫、液压盖和基本体,其特征在于:

基本体基座腔内设置有多根可活动的基本体,基本体顶部设置有凹模垫,凹模垫的边沿由设置在基本体基座上的压边圈固定,压边圈上设置有密封垫,液压盖设置在密封垫上,液压盖、压边圈和基本体围合形成钣金加工区;

所述的液压盖开有出油接口和进油接口;

所述的液压盖、密封垫、压边圈与基本体基座同轴设置。

(四) 说明书

一种钣金柔性成形设备

技术领域

本实用新型属于钣金成形加工领域,涉及一种钣金柔性成形设备。

背景技术

在钣金成形加工领域,钣金多点成形技术是一种先进的柔性金属成形加工工艺,在传统冲压成形工艺的基础上将整体模具离散成一系列规则排列、高度可调的基本体。根据板料零件的成形要求设计基本体群,由基本体群球头的包络面来生成基本体的调形文件,通过CAM系统对基本体进行调形,从而生成模具。此成形工艺不需专用模具,其成形周期短,产品更新快,适合于小批量、多品种的钣金产品,在产品开发期可为产品的模型提供模种制作。钣金液压成形是利用液体做成凸模或凹模,靠液体的压力使钣金成形的加工工艺,具有模具制造周期短、成形极限高、质量高等特点。

上述两种成形工艺各有缺点,前者由于是点成形方式,钣金受力不均、面轮廓度误差大,基本体调形较费时间。后者不是完全无模成形,仍需制作部分模具。通过理论和实验研究,研制出基于液压成形和多点成形原理的钣金柔性成形设备。将两者有机结合,优势互补,取得更好的成形效果。

发明内容

本实用新型针对现有技术的不足,提供了一种钣金柔性成形设备。

本实用新型解决技术问题所采取的技术方案为:

本实用新型包括基本体基座、压边圈、密封垫、凹模垫、液压盖和基本体;

基本体基座腔内设置有多根可活动的基本体,基本体顶部设置有凹模垫,凹模垫的边沿由设置在基本体基座上的压边圈固定,压边圈上设置有密封垫,液压盖设置在密封垫上,液压盖、压边圈和基本体围合形成钣金加工区;

所述的液压盖开有出油接口和进油接口;

所述的液压盖、密封垫、压边圈与基本体基座同轴设置;

本实用新型的有益效果:本实用新型用液体代替凸模,凹模采用多根基本体调形而成,利用CAM数控系统对基本体群进行调形,并采用凹模垫技术提高多点成形技术中钣金面轮廓度形状精度,为钣金的成形提供了一种高效无模的柔性成形设备。

附图说明

图1是本实用新型结构示意图。

具体实施方式

下面结合附图对本实用新型的实施例作进一步详细描述。

如图1所示，一种钣金柔性成形设备包括基本体基座1，压边圈2，密封垫3，凹模垫7，液压盖9和基本体10。

基本体基座腔内设置有多根可活动的基本体，基本体顶部设置有凹模垫，凹模垫的边沿由设置在基本体基座上的压边圈固定，压边圈上设置有密封垫，液压盖设置在密封垫上，液压盖、压边圈和基本体围合形成钣金加工区；

液压盖开有出油接口4和进油接口6；

液压盖、密封垫、压边圈与基本体基座同轴设置。

本实用新型操作步骤：

步骤一　基本体群调形

依工件的表面形状通过CAM系统对基本体群进行调形处理。

步骤二　制作工件

将被加工的钣金件8放在凹模垫7上，并在钣金件四周用压边圈夹紧；打开液压系统，注入高压油5，直至达到一定压力，并保持所需的成形时间。至此，制出钣金件。

步骤三　排油

开通连接在出油孔口4上的排油油泵，从出油孔口排出高压油。

（五）说明书附图

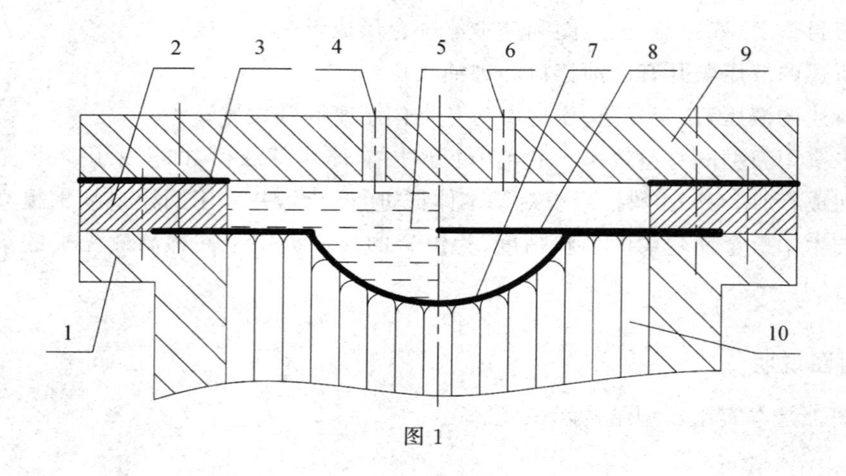

图1

五、烹饪同步指导仪

（一）说明书摘要

一种显示烹饪视频过程和能与视频同步定时的同步指导烹饪的电子装置。使用者通过人机对话操作界面选择菜式，与视频同步操作完成烹饪过程。该装置包括外壳(120)和内置在壳体内的主板、CPU处理器、显卡、液晶显示屏(30)、存储器、数据传输接口(50)、声卡、音箱、操作按键模块(80)、电源接口(90)、定时模块(100)、散热模块(110)等。其特征是：内置各模块通过主板连接在一起，存储器里预存有基本菜式的图片信息和视频信息。并能通过数据传输接口连接外部设备，更新数据库。能利用设置在其外壳底面上的悬挂槽结构安装在厨房墙壁上，亦能随处放置。在外壳上设置有用于屏幕开合的转轴开合机构(150)。

（二）摘要附图

略。

（三）权利要求书

1. 烹饪同步指导仪设置有悬挂槽、转轴开合机构、操作按键模块的外壳和内置在外壳内的主板、CPU处理器、显卡、液晶显示屏、存储器、数据传输接口、声卡、音箱、电源接口、定时模块、散热模块，其特征是：各内置模块通过主板连接在一起。

2. 根据权利要求1所述的烹饪同步指导仪，其特征是：在其外壳设置有能安装在厨房墙壁上的悬挂槽。

3. 根据权利要求1所述的烹饪同步指导仪，其特征是：存储器具有扩容性，通过数据传输接口与外接设备通信，更新数据库。

4. 根据权利要求1所述的烹饪同步指导仪，其特征是：在外壳上设置有用于屏幕开合的转轴开合机构。

（四）说明书

烹饪同步指导仪

技术领域

本实用新型涉及一种同步指导烹饪的电子装置。

背景技术

随着社会的不断进步，人们对生活用品的功能要求越来越高，希望生活越来越方便。很多年轻人都不会做饭，又缺乏手把手同步被指导的条件。还有一些人想做一些新式的菜肴，又苦于没有教师教授。目前，市场上只有纸质菜谱和有限的视频菜谱，其中纸质书的表述不形象，只看书学不会烹饪技法；视频又不在厨房做菜的现场，且没有定时功能，很不方便。餐厅里使用的电子菜谱仪，采用了单片机、传感器、计算机网络等技术，使点菜智能化。极大地提高了餐厅的效率，降低了点菜的出错率。但此类装置只能用于点菜，没有指导烹饪的功能。

鉴于此，本发明人设计了此实用新型装置——烹饪同步指导仪。

实用新型内容

本实用新型针对上述现有技术的不足之处设计了“烹饪同步指导仪”。

本实用新型解决其技术问题所采用的技术方案是：在装置外壳中内置主板、CPU、显卡、液晶显示屏、存储器、数据传输接口、声卡、音箱、操作按键模块、电源接口、定时模块、散热模块等，各模块通过主板连接在一起。存储器里的数据库预存了基本菜式的图片资料和烹饪过程的视频资料。并采用 VB 程序编制人机对话操作界面，使用者通过操作按键模块选择菜式。存储器具有扩容性，通过 USB 数据接口与外接设备通信，更新数据库。

在烹饪过程中需要设置停留时间时，通过定时模块定时，并到时提醒使用者，实现与视频同步定时。

此装置采用壁挂的方式安装在厨房墙壁上，亦能随处移动。

在显示屏与操作按键连接处设置转轴开合机构，实现屏幕的开合。

本实用新型的有益效果是：其集点菜、看视频、定时、折叠功能于一体。能安装于厨房墙壁上，亦可随处放置。实现与视频同步操作的功能。轻松做出美味佳肴。

附图说明

下面结合附图和实施例对本实用新型作进一步说明。

图 1 是实施例的外观构造图；

图 2 是实施例的底部外观构造图。

图中符号说明：

30——液晶显示屏

50——数据传输接口

80——操作按键模块

90——电源接口

100——定时模块　110——散热模块
120——外壳　140——悬挂槽
150——转轴开合机构

具体实施方式

本实施例包括内置在壳体内的主板、CPU处理器、显卡、存储器、声卡、音箱、操作按键模块、定时模块、散热模块等,各模块通过主板连接在一起。存储器保存有数据库及人机对话操作界面。数据库包括菜谱数据库,每种菜在该菜谱数据库中均保存有图片介绍信息和烹饪方法的视频信息。

在图1中,外壳(120)上设置有数据传输接口(50)、散热模块(110)、液晶显示屏(30)、操作按键模块(80)、电源接口(90)和定时模块(100),通过定时模块(100)实现与视频同步操作烹饪,通过操作按键模块(80)选择菜式。在图2中其外壳底面设有能悬挂在厨房墙壁上的悬挂槽(140),亦不影响设备随处移动。在显示屏与操作按键连接处设置有用于屏幕开合的转轴开合机构(150)。

以上所述仅是本实用新型做菜指导仪的较佳实例而已,并非对本实用新型的技术范围作任何限制,凡是依据本实用新型的技术实质对以上的实施例所做的任何细微修改、等同变化与修饰,均仍属于本实用新型技术方案的范围内。

(五)说明书附图

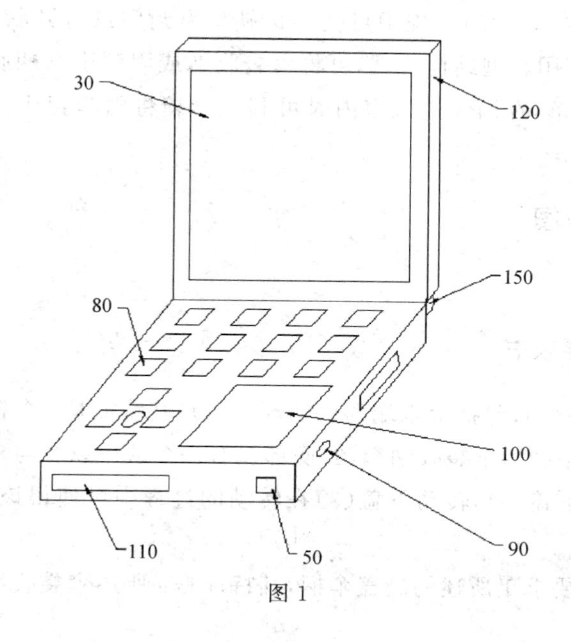

图1

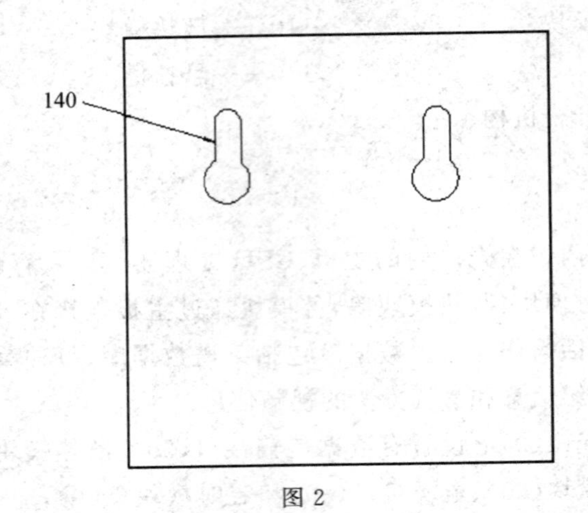

图 2

六、旋盖伞柄

(一) 说明书摘要

本实用新型涉及一种旋盖伞柄，包括伞末端的伞柄部分，伞柄部分下方设有一个伞袋收纳箱，伞袋收纳箱底部设有一个缺口以及与伞袋收纳箱活动配合的可转动下盖，转动下盖在转动的过程中可使得该缺口呈封闭或打开状态。实用新型有益的效果是：本实用新型结构合理，可将伞袋收纳或固定于伞柄底部，便于伞袋的携带，防止伞袋遗落，在雨天进入室内时可利用伞袋将雨伞套住，避免雨水滴落在室内。

(二) 摘要附图

略。

(三) 权利要求书

1. 一种旋盖伞柄，包括伞末端的伞柄部分(1)，其特征是：伞柄部分(1)下方设有一个伞袋收纳箱(2)，伞袋收纳箱(2)底部设有一个缺口以及与伞袋收纳箱(2)活动配合的可转动下盖(3)，转动下盖(3)在转动的过程中可使得该缺口呈封闭或打开状态。

2. 根据权利要求 1 所述的旋盖伞柄，其特征是：所述伞袋收纳箱(2)底部缺口呈扇形,可转动下盖(3)的形状是一个足以覆盖该缺口的扇形。

3. 根据权利要求 2 所述的旋盖伞柄,其特征是:所述伞袋收纳箱(2)底部中心设有一个通孔(5),可转动下盖(3)上设有与其配合的限位装置(6)。

4. 根据权利要求 1、2 或 3 所述的旋盖伞柄,其特征是:所述伞袋收纳箱(2)底面设有限位槽(7),可转动下盖(3)上设有与其配合的凸起(8)。

5. 根据权利要求 1、2 或 3 所述的旋盖伞柄,其特征是:所述伞柄部分(1)底部设有一个伞袋固定装置(4)。

6. 根据权利要求 4 所述的旋盖伞柄,其特征是:所述伞柄部分(1)底部设有一个伞袋固定装置(4)。

(四) 说明书

旋盖伞柄

技术领域

本实用新型涉及一种伞,尤其是一种旋盖伞柄。

背景技术

在雨伞的使用过程中会遇到下列问题,进入室内的时候需要将雨水甩干,否则伞上的雨水会顺着伞尖滴得地上到处都是,一来容易使地上变脏,二来易使地上变湿滑。现在一般饭店或一些公共场所会提供一些一次性伞袋,用于将整把雨伞套住,但采用这种做法成本不小,也不环保,更不利于个人平常使用,因为人们一般不太会将伞袋带在身边。

发明内容

本实用新型要解决上述现有技术的缺点,提供一种能将伞袋和雨伞收纳为一体的旋盖伞柄。

本实用新型解决其技术问题采用的技术方案:这种旋盖伞柄,包括伞末端的伞柄部分,伞柄部分下方设有一个伞袋收纳箱,伞袋收纳箱底部设有一个缺口以及与伞袋收纳箱活动配合的可转动下盖,转动下盖在转动的过程中可使得该缺口呈封闭或打开状态。

作为优选,所述伞袋收纳箱底部缺口呈扇形,可转动下盖的形状是一个足以覆盖该缺口的扇形。

作为优选，所述伞袋收纳箱底部中心设有一个通孔，可转动下盖上设有与其配合的限位装置。用于对可转动下盖进行轴向上的限位。

作为优选，所述伞袋收纳箱底面设有限位槽，可转动下盖上设有与其配合的凸起。用于对可转动下盖进行径向上的限位。

作为优选，所述伞柄部分底部设有一个伞袋固定装置。

实用新型有益的效果是：本实用新型结构合理，可将伞袋收纳或固定于伞柄底部，便于伞袋的携带，防止伞袋遗落，在雨天进入室内时可利用伞袋将雨伞套住，避免雨水滴落在室内。

附图说明

图 1 是本实用新型的结构示意图；

图 2 是本实用新型的仰视图；

附图标记说明：伞柄部分 1，伞袋收纳箱 2，可转动下盖 3，伞袋固定装置 4，通孔 5，限位装置 6，限位槽 7，凸起 8。

具体实施方式

下面结合附图对本实用新型作进一步说明：

实施例：如图 1 所示，一种旋盖伞柄，包括伞末端的伞柄部分 1，伞柄部分 1 下方设有一个伞袋收纳箱 2，伞袋收纳箱 2 底部设有一个缺口以及与伞袋收纳箱 2 活动配合的可转动下盖 3，可转动下盖 3 在转动的过程中可使得该缺口呈封闭或打开状态。

伞袋收纳箱 2 底部缺口呈扇形，如图 2 所示，可转动下盖 3 的形状是一个足以覆盖该缺口的扇形。所述伞袋收纳箱 2 底部中心设有一个通孔 5，可转动下盖 3 上设有与其配合的限位装置 6，用于对可转动下盖 3 进行轴向上的限位。所述伞袋收纳箱 2 底面设有限位槽 7，可转动下盖 3 上设有与其配合的凸起 8，用于对可转动下盖 3 进行径向上的限位。

所述伞柄部分 1 底部设有一个伞袋固定装置 4。该伞袋固定装置 4 可以是一个“工”字形的装置，伞柄部分 1 底部有一个开孔，“工”字的上半部分位于伞柄部分 1 底面上方，下半部分位于其下方，用于固定连接伞袋的绳索。

可转动下盖 3 可相对伞袋收纳箱 2 旋转进行开合，平时将伞袋收纳箱 2 底部的缺口封闭，伞袋设于伞袋收纳箱 2 内部，当可转动下盖 3 旋转 180°后，即可将上述缺口打开，从中取出伞袋套伞。

除上述实施例外，本实用新型还可以有其他实施方式。凡采用等同替换或等效变换形成的技术方案，均落在本实用新型要求的保护范围。

（五）说明书附图

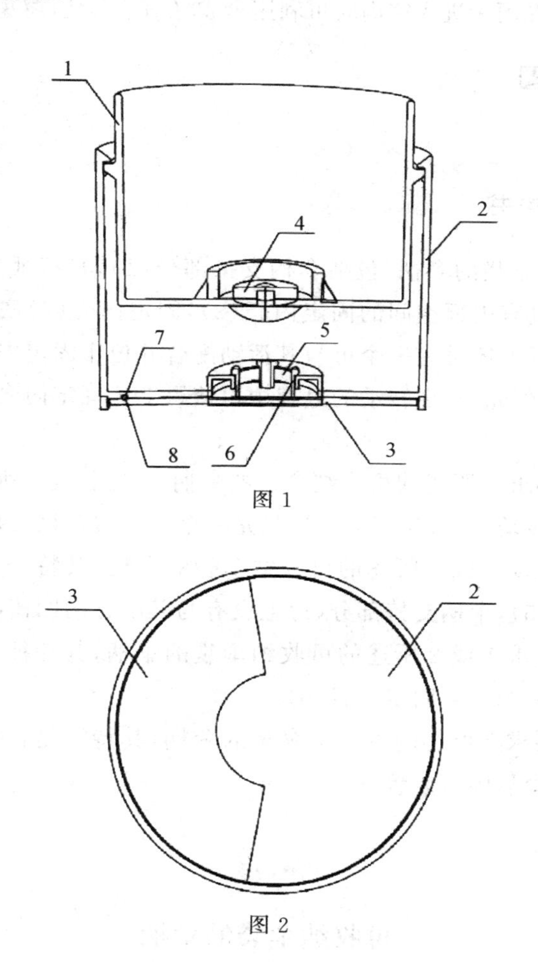

图 1

图 2

七、可收纳伞袋的伞柄

（一）说明书摘要

本实用新型涉及一种可收纳伞袋的伞柄，包括伞柄支持部分，伞柄支持部分下方设有一个具有内部空间的固定内壳，固定内壳底部设有一个缺口，伞柄支持部分下方还设有一个可与其活动配合并位于固定内壳外侧的可转动外壳，可转动外壳在转动的过程中可使得上述固定内壳底部缺口呈封闭或打开状态。实用新型有益的效果是：本实用新型结构合理，可将伞袋收纳或固定于伞柄底部，便于伞袋的携带，防止伞袋遗落，在雨天进入室内时可利用伞袋将雨伞套住，避免雨水滴落在室内。

（二）摘要附图

略。

（三）权利要求书

1. 一种可收纳伞袋的伞柄，包括伞柄支持部分(1)，其特征是：伞柄支持部分(1)下方设有一个具有内部空间的固定内壳(2)，固定内壳(2)底部设有一个缺口，伞柄支持部分(1)下方还设有一个可与其活动配合并位于固定内壳(2)外侧的可转动外壳(3)，可转动外壳(3)在转动的过程中可使得上述固定内壳(2)底部缺口呈封闭或打开状态。

2. 根据权利要求1所述的可收纳伞袋的伞柄，其特征是：所述固定内壳(2)底部缺口呈扇形，可转动外壳(3)底面的形状是一个足以覆盖该缺口的扇形。

3. 根据权利要求1或2所述的可收纳伞袋的伞柄，其特征是：所述可转动外壳(3)上设有凸起(5)，伞柄支持部分(1)上设有与其配合的凹槽(4)。

4. 根据权利要求1或2所述的可收纳伞袋的伞柄，其特征是：所述伞柄支持部分(1)底部设有一个伞袋固定装置(6)。

5. 根据权利要求3所述的可收纳伞袋的伞柄，其特征是：所述伞柄支持部分(1)底部设有一个伞袋固定装置(6)。

（四）说明书

可收纳伞袋的伞柄

技术领域

本实用新型涉及一种伞，尤其是一种可收纳伞袋的伞柄。

背景技术

在雨伞的使用过程中会遇到下列问题，进入室内的时候需要将雨水甩干，否则伞上的雨水会顺着伞尖滴得地上到处都是，一来会使地上容易变脏，二来易使地上变得湿滑。现在一般饭店或一些公共场所会提供一些一次性伞袋，用于将整把雨伞套住，但采用这种做法成本不小，也不环保，更不利于个人平常使用，因为人们一般不太会将伞袋带在身边。

发明内容

本实用新型要解决上述现有技术的缺点，提供一种能将伞袋和雨伞收纳为一体的可收纳伞袋的伞柄。

本实用新型解决其技术问题采用的技术方案：这种可收纳伞袋的伞柄，包括伞柄支持部分，伞柄支持部分下方设有一个具有内部空间的固定内壳，固定内壳底部设有一个缺口，伞柄支持部分下方还设有一个可与其活动配合并位于固定内壳外侧的可转动外壳，可转动外壳在转动的过程中可使得上述固定内壳底部缺口呈封闭或打开状态。

作为优选，所述固定内壳底部缺口呈扇形，可转动外壳底面的形状是一个足以覆盖该缺口的扇形。

作为优选，所述可转动外壳上设有凸起，伞柄支持部分上设有与其配合的凹槽。用于帮助其旋转并进行轴向限位。

作为优选，所述伞柄支持部分底部设有一个伞袋固定装置。

实用新型有益的效果是：本实用新型结构合理，可将伞袋收纳或固定于伞柄底部，便于伞袋的携带，防止伞袋遗落，在雨天进入室内时可利用伞袋将雨伞套住，避免雨水滴落在室内。

附图说明

图 1 是本实用新型的结构示意图。

附图标记说明：伞柄支持部分 1，固定内壳 2，可转动外壳 3，凹槽 4，凸起 5，伞袋固定装置 6。

具体实施方式

下面结合附图对本实用新型作进一步说明：

实施例：如图 1，一种可收纳伞袋的伞柄，包括伞柄支持部分 1，伞柄支持部分 1 下方设有一个具有内部空间的固定内壳 2，固定内壳 2 底部设有一个缺口，伞柄支持部分 1 下方还设有一个可与其活动配合并位于固定内壳 2 外侧的可转动外壳 3，可转动外壳 3 在转动的过程中可使得上述固定内壳 2 底部缺口呈封闭或打开状态。

所述固定内壳 2 底部缺口呈扇形，可转动外壳 3 底面的形状是一个足以覆盖该缺口的扇形。可转动外壳 3 上设有凸起 5，伞柄支持部分 1 上设有与其配合的凹槽 4,用于帮助其旋转并进行轴向限位。

所述伞柄支持部分 1 底部设有一个伞袋固定装置 6。该伞袋固定装置 6 可以是一个“工”字形的装置,伞柄支持部分 1 底部有一个开孔,“工”字的上半部分位于伞柄支持部分 1 底面上方,下半部分位于其下方,用于固定连接伞袋的绳索。

可转动外壳 3 可沿着凹槽 4 相对固定内壳 2 旋转进行开合,平时将固定内壳 2 底部的缺口封闭,伞袋设于固定内壳 2 内部,当可转动外壳 3 旋转 180°后,即可将上述缺口打开,从中取出伞袋套伞。

除上述实施例外,本实用新型还可以有其他实施方式。凡采用等同替换或等效变换形成的技术方案,均落在本实用新型要求的保护范围。

(五) 说明书附图

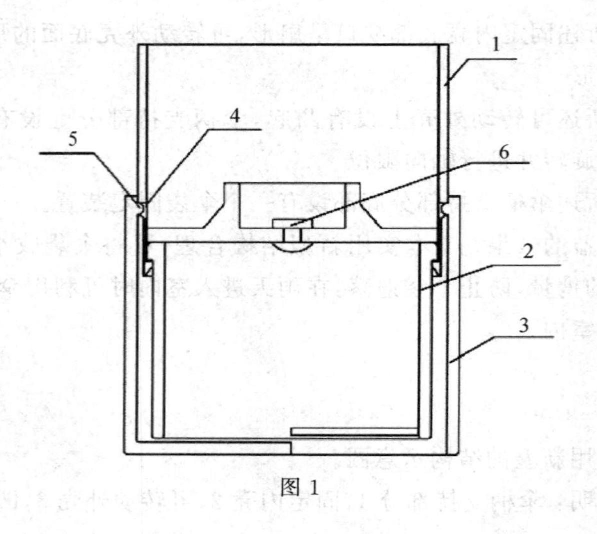

图 1

八、电线收集球

(一) 说明书摘要

本实用新型涉及一种电线收集球,包括球心,球心上设有呈向外辐射状的球枝,球枝末端设有枝顶,相邻的枝顶间设有缝隙,枝顶横截面积大于球枝。实用新型有益的效果是:本实用新型利用球枝之间的缝隙卡入电线,当电线卡入之后,没有足够的力挤出小球缝隙,从而达成收纳的目的,使用效果好,电线绕上去之后不易散开。

(二) 摘要附图

略。

(三) 权利要求书

1. 一种电线收集球,包括球心(1),其特征是:球心(1)上设有呈向外辐射状的球枝(2),球枝(2)末端设有枝顶(3),相邻的枝顶(3)间设有缝隙,枝顶(3)横截面积大于球枝(2)。

2. 根据权利要求1所述的电线收集球,其特征是:所述球枝(2)和枝顶(3)组成一个伞状体结构。

3. 根据权利要求1或2所述的电线收集球,其特征是:所有枝顶(3)的外表面形成一个近似球形。

(四) 说明书

电线收集球

技术领域

本实用新型涉及一种集线器,尤其是一种电线收集球。

背景技术

现有的电线收集器,形状上五花八门,大多为在一个基体上伸出若干枝杈,用于绕线。但由于常用的电线如数据线、电源线、耳机线其外部材料往往会有一定的弹性,绕到绕线器上之后会自动散开,使得绕线器在实际使用过程中使用效果并不好。

发明内容

本实用新型要解决上述现有技术的缺点,提供一种绕线效果好的电线收集球。

本实用新型解决其技术问题采用的技术方案:这种电线收集球,包括球心,球心上设有呈向外辐射状的球枝,球枝末端设有枝顶,相邻的枝顶间设有缝隙,枝顶横截面积大于球枝。

作为优选,所述球枝和枝顶组成一个伞状体结构。

作为优选,所有枝顶的外表面形成一个近似球形。

实用新型有益的效果是:本实用新型将电线卡入球枝之间的缝隙,当电线卡入之后，没有足够的力挤出小球缝隙，从而达成收藏的目的，使用效果好，电线绕上去之后不易散开。

附图说明

图 1 是本实用新型的结构示意图；

图 2 是本实用新型的剖视图。

附图标记说明：球心 1，球枝 2，枝顶 3。

具体实施方式

下面结合附图对本实用新型作进一步说明：

实施例：如图 1，一种电线收集球，包括实体的球心 1，用以连接呈向外辐射状的球枝 2，球枝 2 末端设有枝顶 3，相邻的枝顶 3 间设有缝隙，枝顶 3 横截面积大于球枝 2。球枝 2 和枝顶 3 组成一个伞状体结构。所有枝顶 3 的外表面形成一个近似球形。球枝 2 用以缠绕电线，而球枝 2 之间的间隙和枝顶 3 用来收集容纳电线。

使用方法：将家用电器的电线像缠毛线球一样，将电线卡进枝顶 3 和球枝 2 之间的空间里面完成收纳。

除上述实施例外，本实用新型还可以有其他实施方式。凡采用等同替换或等效变换形成的技术方案，均落在本实用新型要求的保护范围。

（五）说明书附图

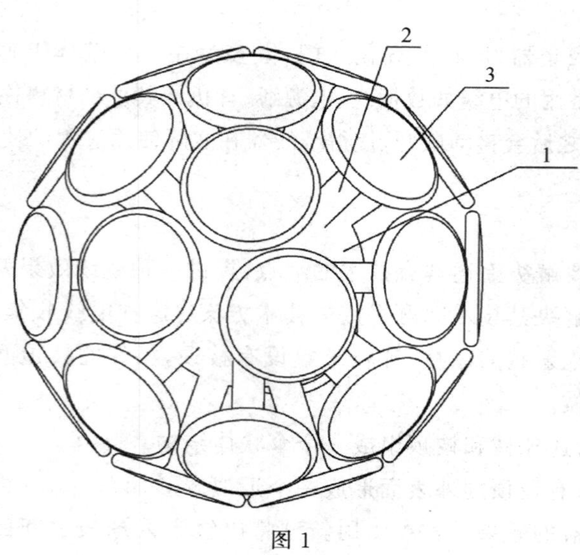

图 1

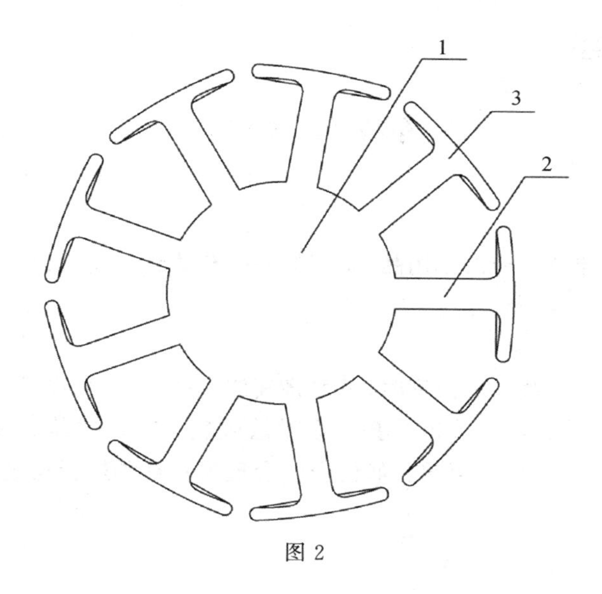

图 2

九、车载红酒夹持架

(一) 说明书摘要

本实用新型涉及一种车载红酒夹持架,包括夹块,两个夹块之间通过一个可伸缩的连接部分相连接,且连接部分对两个夹块施有一个向内夹持的力。实用新型有益的效果是:本实用新型结构合理,在其夹持之下,能使红酒瓶得到固定。

(二) 摘要附图

略。

(三) 权利要求书

1. 一种车载红酒夹持架,包括夹块(1),其特征是:两个夹块(1)之间通过一个可伸缩的连接部分(2)相连接,且连接部分(2)对两个夹块(1)施有一个向内夹持的力。

2. 根据权利要求 1 所述的车载红酒夹持架,其特征是:所述两个夹块(1)相对一侧各设有一个凹槽(3),其形状与红酒瓶相配合。

3. 根据权利要求 1 或 2 所述的车载红酒夹持架,其特征是:所述夹块(1)的数量大于两个,其中相邻的夹块(1)通过连接部分(2)相连接。

（四）说明书

车载红酒夹持架

技术领域

本实用新型涉及一种汽车用品，尤其是一种车载红酒夹持架。

背景技术

现在人们通过车载红酒回家时，一般将其放在后备箱内，在开车过程中会担心红酒瓶来回滚动，受到严重撞击后甚至会导致破裂。哪怕把其放在一些较大的箱子内，仍免不了会遭遇这个问题。如何安全合理地对红酒进行运送，是一个值得思考的问题。

发明内容

本实用新型要解决上述现有技术的缺点，提供一种能安全运送红酒的车载红酒夹持架。

本实用新型解决其技术问题采用的技术方案：这种车载红酒夹持架，包括夹块，两个夹块之间通过一个可伸缩的连接部分相连接，且连接部分对两个夹块施有一个向内夹持的力。

作为优选，所述两个夹块相对一侧各设有一个凹槽，其形状与红酒瓶相配合，可在对红酒夹持时将其位置进行限定。

作为优选，所述夹块的数量大于两个，其中相邻的夹块通过连接部分相连接，可同时夹持多瓶红酒。

实用新型有益的效果是：本实用新型结构合理，在其夹持之下，能使红酒瓶得到固定，从而避免了在车载过程中滚动而导致破裂的情况发生。同时利用该夹持架，也能对一些其他易碎物品在车载的过程中进行夹持。

附图说明

图 1 是本实用新型的结构示意图。

附图标记说明：夹块 1，连接部分 2，凹槽 3。

具体实施方式

下面结合附图对本实用新型作进一步说明：

实施例：如图1，一种车载红酒夹持架，包括夹块1，两个夹块1之间通过一个可伸缩的连接部分2相连接，且连接部分2对两个夹块1施有一个向内夹持的力。两个夹块1相对一侧各设有一个凹槽3，其形状与红酒瓶相配合。夹块1的数量大于两个，其中相邻的夹块1通过连接部分2相连接，如本实施例中夹块1的数量共有4个，共可以夹持3瓶红酒。

使用时，将一对夹块1的连接部分拉开，将红酒放在两块夹块1的中间，凹槽3会对红酒进行限位，红酒架会自动夹紧，完成放置。

除上述实施例外，本实用新型还可以有其他实施方式。凡采用等同替换或等效变换形成的技术方案，均落在本实用新型要求的保护范围。

（五）说明书附图

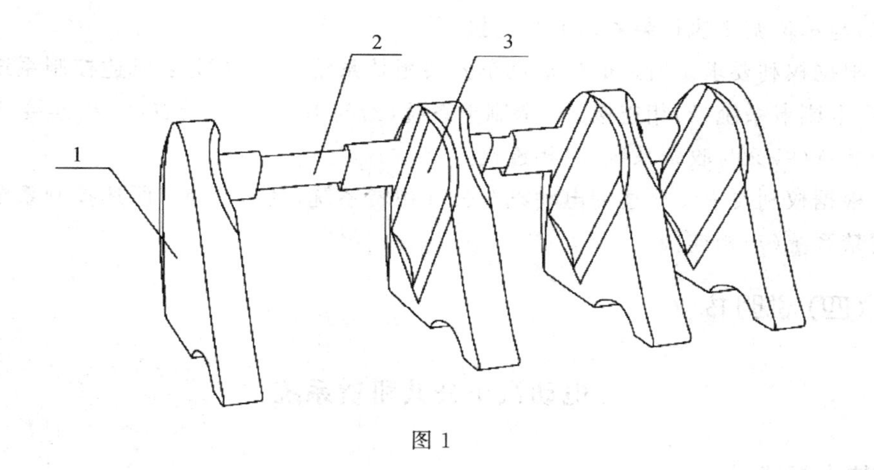

图1

十、电动汽车公共租赁系统

（一）说明书摘要

本实用新型涉及一种电动汽车公共租赁系统，包括控制系统，控制系统分别与人机交互操作平台、充电状态监控系统、车位调度系统和收费系统连接。实用新型有益的效果是：本实用新型确保电动汽车在立体停车设备上能安全可靠地进行车辆识别、停车、充电及收费，具有安全性好、出入库效率高、操作方便、系统合理、节省人工等优点。

（二）摘要附图

略。

（三）权利要求书

一种电动汽车公共租赁系统，包括控制系统(1)，其特征是：控制系统(1)分别与人机交互操作平台(3)、充电状态监控系统(4)、车位调度系统(6)和收费系统(8)连接。

根据权利要求1所述的电动汽车公共租赁系统，其特征是：所述充电状态监控系统(4)与充电装置(5)相连接。

根据权利要求1所述的电动汽车公共租赁系统，其特征是：所述车位调度系统(6)与车位调度执行装置(10)相连接。

根据权利要求1所述的电动汽车公共租赁系统，其特征是：所述控制系统(1)与IC卡刷卡系统(2)相连接，IC卡刷卡系统(2)与IC卡刷卡装置(9)相连接，IC卡刷卡装置(9)又与收费系统(8)相连接。

根据权利要求1所述的电动汽车公共租赁系统，其特征是：所述控制系统(1)与门禁系统(7)相连接。

（四）说明书

电动汽车公共租赁系统

技术领域

本实用新型涉及汽车租赁领域，尤其是一种电动汽车公共租赁系统。

背景技术

由于经济的高速发展，人们生活水平的提高，国家提倡低碳生活，因此具有高效节能、低排放或零排放优势汽车的数目也逐年增加，然而在人口密集度较高的地方，可用空间越来越少，造成严重的停车问题。如一般的高层大楼，住户很多，但其地基并非很大，因此利用多层式立体停车设备，可以增加大楼的停车位。而目前立体停车设备的车位都是为停放燃油汽车而设计，无法解决电动汽车在停车时充电的问题，从而限制了电动汽车的发展。目前市场上的汽车租赁都是人工操作，效率低且不方便。因此，采用立体停车形式的电动汽车的全自动公共租赁系统就显得很有必要。

发明内容

本实用新型要解决上述现有技术的缺点,提供一种全自动、方便高效的电动汽车公共租赁系统。

本实用新型解决其技术问题采用的技术方案:这种电动汽车公共租赁系统,包括控制系统,控制系统分别与人机交互操作平台、充电状态监控系统、车位调度系统和收费系统连接。

作为优选,所述充电状态监控系统与充电装置相连接。

作为优选,所述车位调度系统与车位调度执行装置相连接。

作为优选,所述控制系统与IC卡刷卡系统相连接,IC卡刷卡系统与IC卡刷卡装置相连接,IC卡刷卡装置又与收费系统相连接。

实用新型有益的效果是:本实用新型确保电动汽车在立体停车设备上能安全可靠地进行车辆识别、停车、充电及收费。具有安全性好、出入库效率高、操作方便、系统合理、减少人工等优点。

附图说明

图1是本实用新型的结构示意图;

图2是本实用新型的系统操作流程图。

附图标记说明:控制系统1,IC卡刷卡系统2,人机交互操作平台3,充电状态监控系统4,充电装置5,车位调度系统6,门禁系统7,收费系统8,IC卡刷卡装置9,车位调度执行装置10。

具体实施方式

下面结合附图对本实用新型作进一步说明:

实施例:如图1所示为电动汽车公共租赁系统的结构示意图,本系统采用立体停车设备和无线充电技术,包括控制系统1、IC卡刷卡系统2、人机交互操作平台3、充电状态监控系统4、充电装置5、车位调度系统6、门禁系统7和收费系统8。所述IC卡刷卡系统2与收费系统8及IC卡刷卡装置9连接,立体停车设备的进出口处设有用于计算租车开始及结束、费用计算及扣费的IC卡刷卡装置9;在车库进出口处设置人机交互操作平台3用于操作者进行租车和还车的选择,及打印发票操作;所述充电状态监控系统4由安装在立体停车设备控制箱内电流表、电压表、电能表等组成;充电状态监控系统4连接有充电装置5,所述充电装置 5 为安装在立体停车设备每个停车位上和电动汽车上的无线充电设备；所述车位调度系统 6 与车位调度执行装置 10 连接，所述车位调度执行装置 10 包括多个升降马达和移位马达；所述门禁系统 7 由装在车库出入口的读卡器、控制器、道闸、地感线圈和装在汽车上的车辆自动识别卡组成，车库出口和入口为一个车位，既是租车位又是还车位；专用的电动汽车采用磁卡感应式门锁，用户用 IC 卡刷卡打开车门。

如图 2 所示为租车和还车的操作流程。汽车入库时，门禁系统 7 鉴别车辆，是本系统车，则道闸打开，并将还车指令传输到车位调度系统 6，如还车位有车，则控制车位调度执行装置 10 调度空车位到达还车位位置，顾客将电动汽车驶入、停好，道闸关闭；顾客到出入口 IC 卡刷卡装置 9 处刷卡，同时收费系统 8 进行计费、扣费，如需发票，在人机交互操作平台 3 上按打印发票按钮进行打印；充电状态监控系统 4 监测此车辆的电能参数，如电量达到规定下限，则启动充电装置 5 开始充电，还车结束。

租车时，由顾客在 IC 卡刷卡装置 9 上刷 IC 卡，按下人机交互操作平台 3 上的租车按钮，将租车指令传输到控制系统 1，此时，如租车位有车，则充电状态监控系统 4 监测租车位车辆的电能参数，如电量达到规定下限，车位调度系统 6 控制车位调度执行装置 10 调度有电的车辆到达租车位（如租车位无车，则车位调度系统 6 控制车位调度执行装置 10 调度有电的车辆到达租车位），门禁系统 7 打开道闸，顾客用 IC 卡刷卡打开车门，发动车辆开出租车位，道闸关闭，租车结束。

除上述实施例外，本实用新型还可以有其他实施方式。凡采用等同替换或等效变换形成的技术方案，均落在本实用新型要求的保护范围。

（五）说明书附图

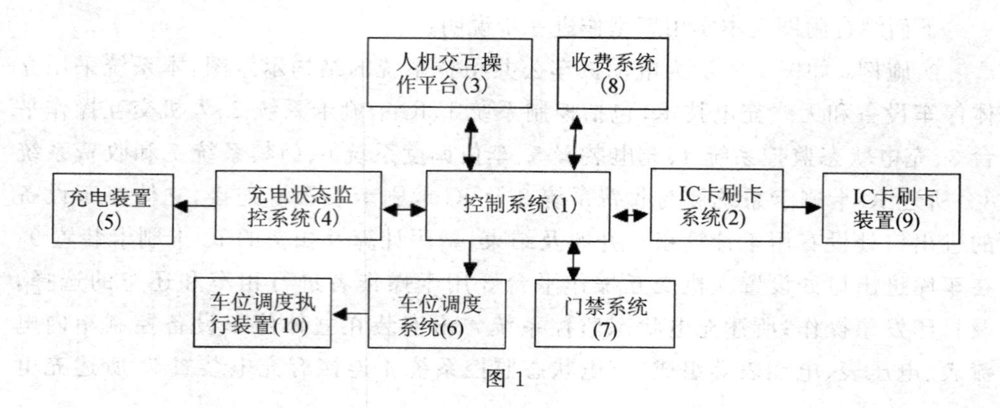

图 1

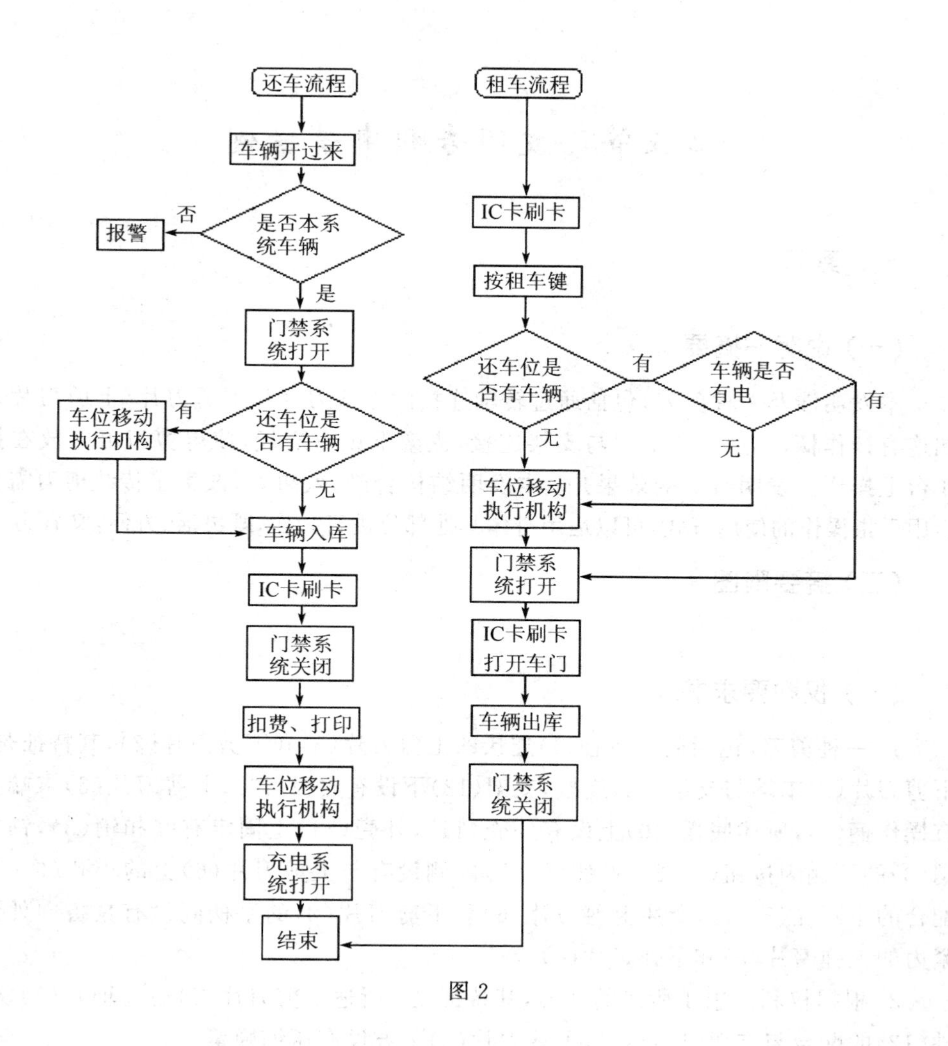
还车流程
车辆开过来
是否本系统车辆
否
报警
是
门禁系统打开
还车位是否有车辆
有
车位移动执行机构
无
车辆入库
IC卡刷卡
门禁系统关闭
扣费、打印
车位移动执行机构
充电系统打开
结束
租车流程
IC卡刷卡
按租车键
还车位是否有车辆
有
车辆是否有电
有
无
无
车位移动执行机构
门禁系统打开
IC卡刷卡打开车门
车辆出库
门禁系统关闭

图 2

第五节　发明专利申请案例

一、剪刀

(一) 说明书摘要

本发明涉及一种剪刀，包括通过转轴连接的上剪刀片和下剪刀片，上剪刀片末端连有操作柄，下剪刀片末端与支架连接，支架下设有底板，使得剪刀可立放在操作台上操作。发明有益的效果是：本发明结构合理，效果好，改善了传统剪刀需要运用手指操作的使用方式，可以运用身体其他部位进行操作，既灵活、方便，又省力。

(二) 摘要附图

略。

(三) 权利要求书

1. 一种剪刀，包括通过转轴(1)连接的上剪刀片(6)和下剪刀片(2)，其特征是：下剪刀片(2)末端与支架(13)连接，支架(13)下设有底板(10)，上剪刀片(6)末端连有操作柄(9)，所述底板(10)上设有外壳(11)，外壳(11)上固定有锁扣销(3)，锁扣销(3)的两侧为按钮(3－2)，按钮(3－2)内侧设有与上剪刀片(6)上的小孔(6－1)配合的小圆柱(3－1)，所述上剪刀片(6)和下剪刀片(2)的手柄间设有具备向外预紧力的上弹簧片(5)和下弹簧片(4)。

2. 根据权利要求1所述的剪刀，其特征是：所述下剪刀片(2)通过轴套(7)、销轴(12)的配合与支架(13)连接，下剪刀片(2)下方设有压缩弹簧(14)。

3. 根据权利要求1所述的剪刀，其特征是：所述锁扣销(3)的按钮(3－2)下方设有圆柱形凸楞(3－3)。

4. 根据权利要求1所述的剪刀，其特征是：所述操作柄(9)上设有防滑垫(8)。

(四) 说明书

剪　　刀

技术领域

本发明涉及一种剪刀，尤其是一种可灵活操作的剪刀。

背景技术

在生活中，很多情况我们都要用到剪刀。但对于很多手指不灵活或甚至没有手的人来说，普通的剪刀基本没法用，对于正常的人来说用剪刀时间长的话，手会很疼甚至磨破皮肤。

发明内容

本发明要解决上述现有技术的缺点，提供一种方便操作、省力的剪刀。

本发明解决其技术问题采用的技术方案：这种剪刀，包括通过转轴连接的上剪刀片和下剪刀片，上剪刀片末端连有操作柄，下剪刀片末端与支架连接，支架下设有底板，使得剪刀可立放在操作台上操作。

作为优选，所述上剪刀片和下剪刀片的手柄间设有具备向外预紧力的上弹簧片和下弹簧片，使得剪刀口可以自动张开。

作为优选，所述下剪刀片通过轴套、销轴的配合与支架连接，下剪刀片下方设有压缩弹簧，使得在剪切时剪刀整体可以转动便于使用。

作为优选，所述底板上设有外壳，外壳上固定有锁扣销，锁扣销的两侧为按钮，按钮内侧设有与上剪刀片上的小孔配合的小圆柱，可以实现剪刀口的锁紧和打开。

作为优选，所述锁扣销的按钮下方设有圆柱形凸楞，可防止锁扣销相对于外壳转动。

作为优选，所述操作柄上设有防滑垫，起防滑和改善手感的作用。

发明有益的效果是：本发明结构合理，效果好，改善了传统剪刀需要运用手指操作的使用方式，可以运用身体其他部位进行操作，既灵活、方便，又省力。

附图说明

图 1 是本发明的结构示意图；

图 2 是本发明的内部局部结构示意图；

图 3 是本发明的外部整体结构示意图。

附图标记说明：转轴 1，下剪刀片 2，锁扣销 3，小圆柱 3 - 1，按钮 3 - 2，凸楞 3 - 3，下弹簧片 4，上弹簧片 5，上剪刀片 6，小孔 6 - 1，轴套 7，防滑垫 8，操作柄 9，底板 10，外壳 11，销轴 12，支架 13，压缩弹簧 14。

具体实施方式

下面结合附图对本发明作进一步说明：

参照附图：如图 1 至图 3，这种剪刀，包括通过转轴 1 连接的上剪刀片 6 和下剪刀片 2，下剪刀片 2 末端与支架 13 连接，支架 13 下设有底板 10，上剪刀片 6 末端连有操作柄 9，通过底板 10 和支架 13，使剪刀可以立放在操作台上，通过操作柄 9 的设置，可以方便剪刀的操作，不用手指只需要往下按压操作柄 9 就可以使用该剪刀。上剪刀片 6 和下剪刀片 2 的手柄间设有具备向外预紧力的上弹簧片 5 和下弹簧片 4，使得剪刀口可以自动张开，起到了省力且方便使用的效果，只需向操作柄 9 施加向下的力即可使用剪刀。下剪刀片 2 通过轴套 7、销轴 12 的配合与支架 13 连接，下剪刀片 2 下方设有压缩弹簧 14，通过该结构剪刀在剪切时整体可以沿着销轴 12 有所转动而便于使用。底板 10 上设有外壳 11，外壳 11 上固定有锁扣销 3，锁扣销 3 的两侧为穿过外壳 11 的按钮 3－2，按钮 3－2 内侧设有与上剪刀片 6 上的小孔 6－1 配合的小圆柱 3－1，通过按压锁扣销 3 左右可以实现小圆柱 3－1 插入或退出上剪刀片 6 上的小孔 6－1，实现对剪刀口的锁紧和打开；锁扣销 3 的按钮 3－2 下方设有圆柱形凸楞 3－3，与外壳 11 上的槽配合起定位作用，可防止锁扣销 3 相对于外壳 11 转动，确保小圆柱 3－1 和小孔 6－1 的位置准确对应。操作柄 9 上设有防滑垫 8，起防滑和改善手感的作用。

除上述实施例外，本发明还可以有其他实施方式。凡采用等同替换或等效变换形成的技术方案，均落在本发明要求的保护范围。

（五）说明书附图

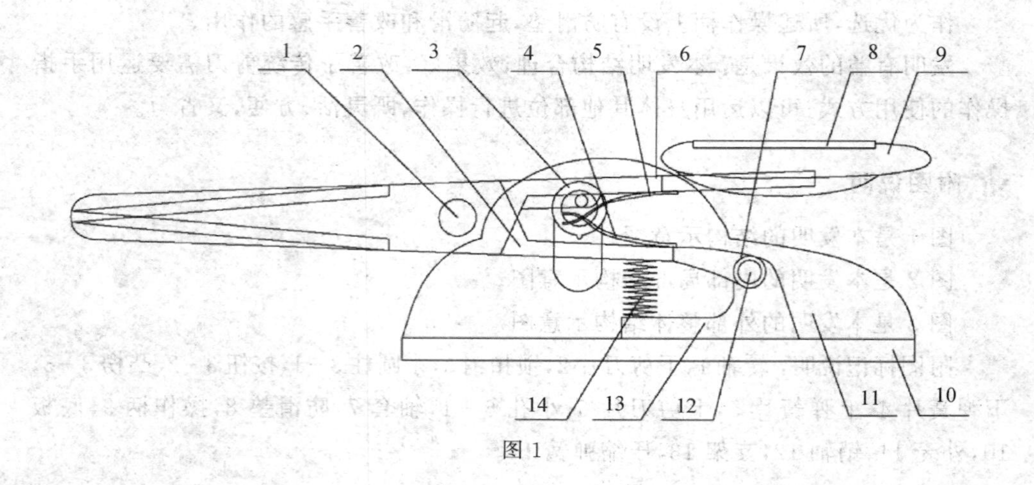

图 1

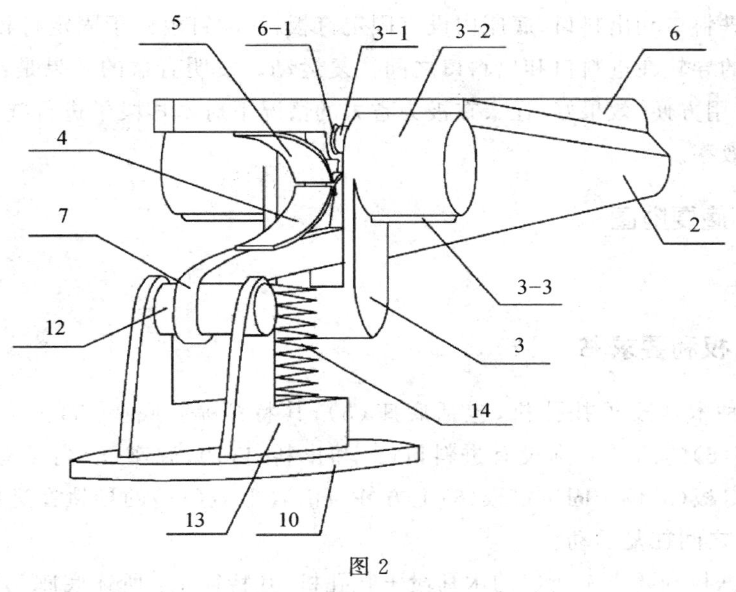

图 2

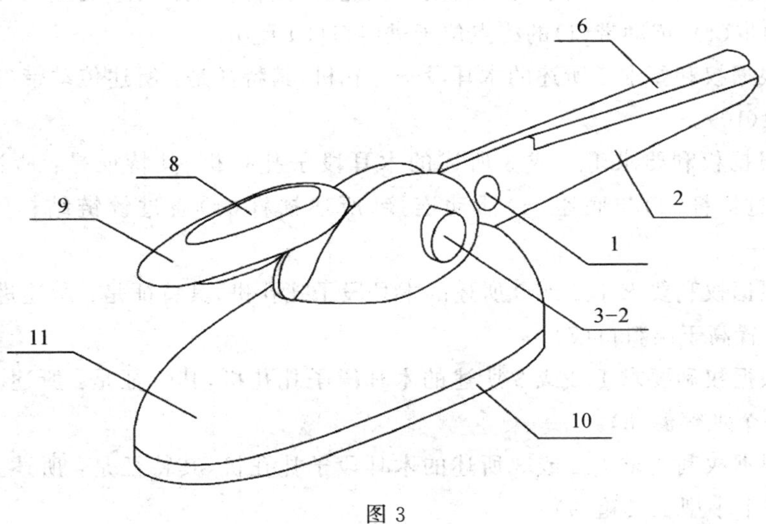

图 3

二、一种木耳段子扎孔机

(一) 说明书摘要

本发明涉及一种木耳段子扎孔机,包括底座,底座上方设有上盖,底座的两端分别设有进料口和出料口，底座内设有固定钉板，活动钉板位于固定钉板上方并可沿着上盖的导轨在进料口和出料口之间往复运动。发明有益的效果是：本发明结构合理，使用方便，效果好，让人在极为省力的情况下对木耳段子进行扎孔，大大提高了扎孔效率。

(二) 摘要附图

略。

(三) 权利要求书

1. 一种木耳段子扎孔机，包括底座(5)，其特征是：底座(5)上方设有上盖(11)，底座(5)的两端分别设有进料口(2)和出料口(7)，底座(5)内设有固定钉板(6)，活动钉板(3)位于固定钉板(6)上方并可沿着上盖(11)的导轨在进料口(2)和出料口(7)之间往复运动。

2. 根据权利要求1所述的木耳段子扎孔机，其特征是：所述底座(5)后侧设有一个传动带(1)，传动带(1)的终点位于进料口(2)上方。

3. 根据权利要求2所述的木耳段子扎孔机，其特征是：所述传动带(1)上设有传送托架(10)。

4. 根据权利要求1、2或3所述的木耳段子扎孔机，其特征是：所述活动钉板(3)通过摇杆(4)与底座(5)活动连接，所述摇杆(4)通过铰链结构与电动机连接。

5. 根据权利要求1、2或3所述的木耳段子扎孔机，其特征是：所述进料口(2)的水平位置高于出料口(7)。

6. 根据权利要求1、2或3所述的木耳段子扎孔机，其特征是：所述上盖(11)上设有一个观察窗(8)。

7. 根据权利要求1、2或3所述的木耳段子扎孔机，其特征是：所述上盖(11)上设有一个小型工具箱(9)。

(四) 说明书

木耳段子扎孔机

技术领域

本发明涉及一种木耳生产领域，尤其是一种木耳段子扎孔机。

背景技术

浙江一带很多农民家里都在种植木耳，每户人家都做了一万至两万根的木耳段子。菌繁殖成熟后，农民需要在木耳段子上扎孔，而扎孔也成了大问题。目前的扎孔都是靠人工完成的，人干了一天就很累，全身酸痛，劳动量大，耗费大量的时间和精力。

发明内容

本发明要解决上述现有技术的缺点，提供一种省力高效的木耳段子扎孔机。

本发明解决其技术问题采用的技术方案：这种木耳段子扎孔机，包括底座，底座上方设有上盖，底座的两端分别设有进料口和出料口，底座内设有固定钉板，活动钉板位于固定钉板上方并可沿着上盖的导轨在进料口和出料口之间往复运动。

作为优选，所述底座后侧设有一个传动带，传动带的终点位于进料口上方，便于木耳段子的传送。

作为优选，所述传动带上设有传送托架，便于木耳段子传送过程中的爬坡。

作为优选，所述活动钉板通过摇杆与底座活动连接，所述摇杆通过铰链结构与电动机连接，这是活动钉板的一种运动方式。

作为优选，所述进料口的水平位置高于出料口，便于木耳段子在扎孔过程中具有利用自重向出料口滚落的趋势。

作为优选，所述上盖上设有一个观察窗，便于观察木耳段子在扎孔机内部的扎孔情况。

作为优选，所述上盖上设有一个小型工具箱，便于存放一些实用的工具。

发明有益的效果是：本发明结构合理，使用方便，效果好，让人在极为省力的情况下对木耳段子进行扎孔，大大提高了扎孔效率。

附图说明

图 1 是本发明的结构示意图。

附图标记说明：传动带 1，进料口 2，活动钉板 3，摇杆 4，底座 5，固定钉板 6，出料口 7，观察窗 8，小型工具箱 9，传送托架 10，上盖 11。

具体实施方式

下面结合附图对本发明作进一步说明：

实施例：如图 1，一种木耳段子扎孔机，包括底座 5，底座 5 上方设有上盖

11，底座5的两端分别设有进料口2和出料口7，底座5内设有固定钉板6，活动钉板3位于固定钉板6上方，活动钉板3通过两侧的摇杆4与底座5活动连接，所述摇杆4通过铰链结构与电动机连接，活动钉板3可沿着上盖11的导轨在进料口2和出料口7之间往复运动，防止跑偏活动钉板3。底座5后侧设有一个传动带1，传动带1的终点位于进料口2上方，传动带1上设有传送托架10。进料口2的水平位置高于出料口7，上盖11上设有一个由玻璃罩制作的观察窗8，以及一个小型工具箱9。

使用时，人只需坐在椅子上，便可将木耳段子搁在传动带1的传送托架10上，避免了过多的弯腰和蹲起，木耳段子在传送带1的运动过程中传输至进料口2并下落至固定位置，活动钉板3在摇杆4的配合下活动，对木耳段子施加一个力，使其在机箱内转动前进，与此同时，在活动钉板3与固定钉板6的共同作用下，完成对木耳段子的均匀扎孔，最后从出料口7出。

整个机器外形长160厘米，宽60厘米，高110厘米。

除上述实施例外，本发明还可以有其他实施方式。凡采用等同替换或等效变换形成的技术方案，均落在本发明要求的保护范围。

（五）说明书附图

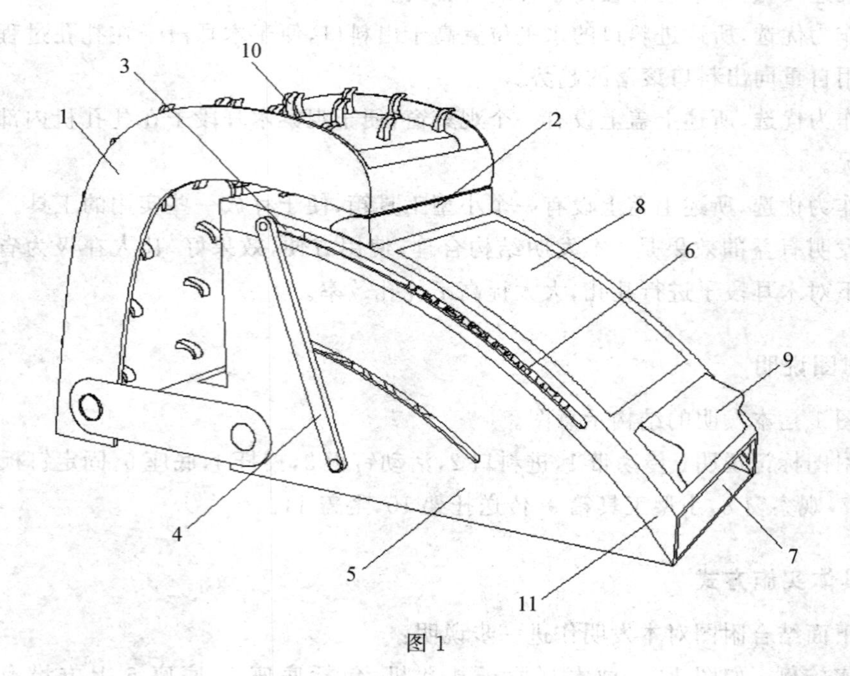

图1

第三部分

首版制作

第一节 首版概述

首版又称手板(手板是一个舶来品,是由中国的台湾引进来的),是产品投产前的样件模型。在新产品研发过程中,首版的制作是一个重要环节;是验证产品可行性的第一步,是找出设计产品的缺陷、不足、弊端最直接且有效的方式,从而可对缺陷进行针对性地改善。通常还需要进行小量的试产进而找出批量生产的不足以改善。设计完成产品一般不能做到很完美,甚至无法使用,直接生产一旦产品有缺陷将全部报废,大大浪费人力、物力和时间。而首版一般情况是少数的样品,制作周期短,损耗人力、物力少,能很快地找出产品设计的不足进而改善,为产品定型量产提供充足的依据。

首版制作有多种方法,有油泥模型、快速成型模型、仿实物模型和 CNC 模型等。其中油泥模型精度不高,强度亦不高。快速成型技术制造的模型具有局限性,其制作时需要有专门的实验室环境,维护费用昂贵,模型强度低,易断裂,可加工性不好,并且不能做出复杂的装配关系。仿实物模型造价昂贵。CNC 模型避免了上述缺点,具有精度高、强度大、装配精确等优点。

一、首版分类

1. 按照制作的方法分类

按照制作的方法分,可分为手工首版和数控首版

(1) 手工首版

手工首版的主要工作量是用手工完成的,比如油泥模型、木工模型。

(2) 数控首版

数控首版的主要工作量是用数控机床完成的,而根据所用设备的不同,又可分为激光快速成型(RP, Rapid Prototyping)首版和加工中心(CNC, Computer Numerical Control)首版。

①RP 首版:主要是用快速成型技术生产出来的首版。

②CNC 首版:主要是用加工中心生产出来的首版。

RP 首版同 CNC 首版相比较各有千秋:RP 首版的优点主要表现在它的快速性上,但是它主要是通过堆积技术成型,因而 RP 首版一般相对粗糙,而且对产品的壁厚有一定要求,壁厚太薄便不能生产。CNC 首版的优点体现在它能非常精确地反映图纸所表达的信息,而且 CNC 首版表面质量高,尤其在其完成表面喷涂和

丝印后，质量甚至比模具生产出来的产品还要高。因此，CNC 首版制造愈来愈成为首版制造业的主流。

2. 按所用材料分类

首版按照制作所用的材料，可分为塑胶首版、硅胶首版、金属首版、油泥首版、木质首版。

（1）塑胶首版

塑胶首版材料为塑胶，主要用于制作一些塑胶产品的首版，比如电视机、显示器等。

（2）硅胶首版

硅胶首版材料为硅胶，主要用于制作展示产品设计外形的首版，比如汽车、手机、玩具、工艺品、日用品等。

（3）金属首版

金属首版材料为铝镁合金等金属材料，主要用于制作一些高档产品的首版，比如笔记本电脑、CD 机等。

（4）油泥首版

油泥首版材料为油泥，主要用于产品外观设计和开发，在产品开发初期泥雕师根据自己的想象力或者设计师的设计，用油泥做模型，然后再根据油泥模型来修改设计，最终确定产品外观。此种模型制作方法用时较长，并在制作过程中需要对产品进行再设计，一般用于体积较大、外形复杂的汽车、摩托车等产品，如图 3－1 所示。

图 3－1　汽车油泥模型

目前油泥首版有被 FreeForm 代替的趋势。FreeForm 全称为 FreeForm Modeling Plus，即 3D 触觉式设计系统。FreeForm 引入了计算机 3D 模型设计与制作的触感，彻底改造人机交互接口和设计界面，允许设计师在形态与功能之间制作充满智慧和富有创意的作品，而无须受任何传统三维模型制作工具的限制。

(5) 木质首版

木质首版，即用木材为原料的首版，如图 3-2 所示为一木质车首版。

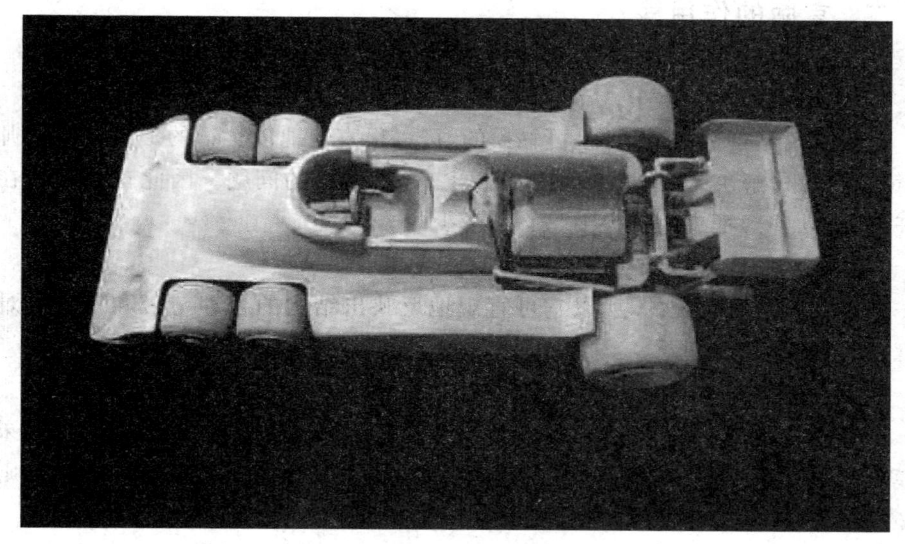

图 3-2 木质车首版

3. 按首版层次分类

按其所要实现效果，可分为外观首版、结构首版和功能首版。

(1) 外观首版

外观首版主要用于检测产品的外观设计，要求外观精美，颜色准确，对内部的处理要求不高。

(2) 结构首版

结构首版主要用于检测产品的结构合理性，对于尺寸要求较高，对外观要求相对较低。

(3) 功能首版

功能首版要求实现真正的产品一样的外观、结构和功能，可以理解为未上市的成品，是要求最高、难度最大的首版种类。

4. 按材质分类

按材质则有如下分类：

(1) ABS(国产、进口、透明、黑色、超高耐温等)。

(2) 475 胶板、电木、塑料王等。

(3) POM(赛钢)、PMMA(亚加力)、PC、PP、PA、BT、PVC 等。

(4) 铝、铜,其他类合金。

目前,很多首版采用 3D 打印技术制作。

二、首版的作用

1. 检验外观设计

首版不仅是可视的,而且是可触摸的,可以很直观地以实物的形式把设计师的创意反映出来,解决了“画出来好看而做出来不好看”的问题。因此首版制作在新品开发、产品外形推敲的过程中是必不可少的。

2. 检验结构设计

因为首版是可装配的,所以它可直观地反映出结构的合理与否和安装的难易程度,便于及早发现问题、解决问题。

3. 避免直接开模具的风险性

由于模具制造的费用一般很高,比较大的模具价值数十万乃至几百万,如果在开模具的过程中发现结构不合理或其他问题,其损失会非常大。而首版制作则能避免这种损失,减少开模风险。

4. 使产品面世时间大大提前

由于首版制作的超前性,在模具开发出来之前可以利用首版作产品的宣传,甚至进行前期的销售、生产准备工作,及早占领市场。

第二节 CNC首版制作

一、首版材料的选择

对于CNC首版,需要根据首版的加工难易程度、结构强度及外观展示效果等进行材料的选择,可以选用金属或塑料等材料。由于工程塑料的价格低,容易加工,对于只为了展示效果或检验安装关系的模型,一般选用工程塑料即可。

以叉车首版为例。首版只以展示造型效果为目的,无受力导致变形的问题,所以可采用通用工程塑料——ABS。由于车罩要达到透明的效果,因此需采用PMMA材料。

二、CNC工程塑料首版的制作流程

CNC工程塑料首版的制作流程一般包括下列13个步骤:

(1) 产品的三维数字建模。

(2) 三维数据导入CNC软件。

(3) 数据转换处理。

(4) 产品模型结构设计。

(5) 拆分需拆分处理的零件。

(6) 完善数字模型。

(7) 选择材料。

(8) CNC编程。

(9) CNC加工制作。

(10) 粘接。

(11) 各拆分零件表面处理。

(12) 装配各拆分部分。

(13) 最终表面处理。

三、数据转换处理

产品的三维建模一般用 Rhinoceros、Pro/E 等设计软件，CNC 模型制作时一般用 Cimatron 等制造软件。在制作模型时首要的任务是两种软件之间的数据转换处理。

Cimatron 软件不支持以中文命名和文件名里含有某些特殊符号的文件的数据。图形转换过程中由于软件系统存在的不兼容性、参数设置等原因，图形会出现丢失数据，造成尺寸不符、破面、多面等问题。

造成尺寸不符最主要的原因是软件的初始设置。Cimatron 软件在数据转换过程中默认以毫米为单位，尺寸处理时只需要按比例放大缩小即可。

造成破面的原因主要有转换前的曲面构成较复杂、参数设置不合理等。如图 3-3 所示的座椅扶手的虚线所构成的曲面为破面。破面的原因是该曲面构成较复杂(它包括了多个不同直径的圆弧曲面和多个直面)，Cimatron 软件系统在捕捉数据点的过程中产生了错误。

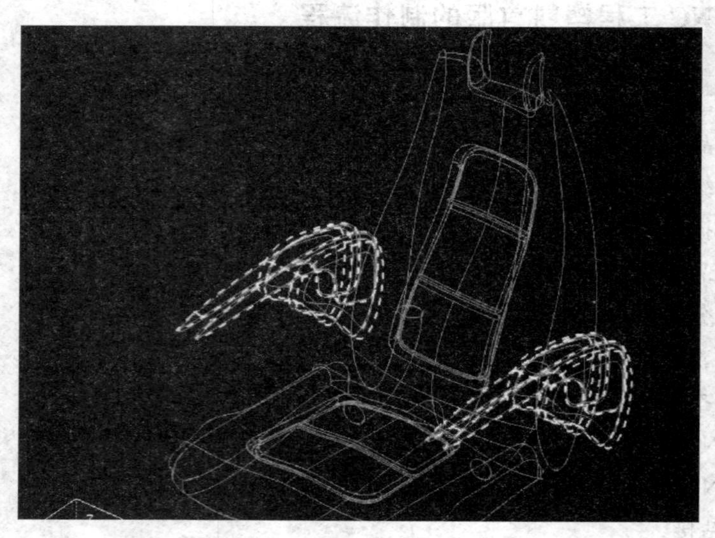

图 3-3　破面

解决方法有两种。第一种方法是将原始数据转换成其他格式后再转换，或者直接在构成原始数据的软件上修改后转换。

第二种方法是在 Cimatron 软件中补面。在与其相连接的曲面中找到构成破面的曲线，可以利用这些曲线使用 drive(导向曲面)、ruled(规则曲面)和 blend(溶接曲面)命令补上该破面。如图 3－4 所示为补好的面。

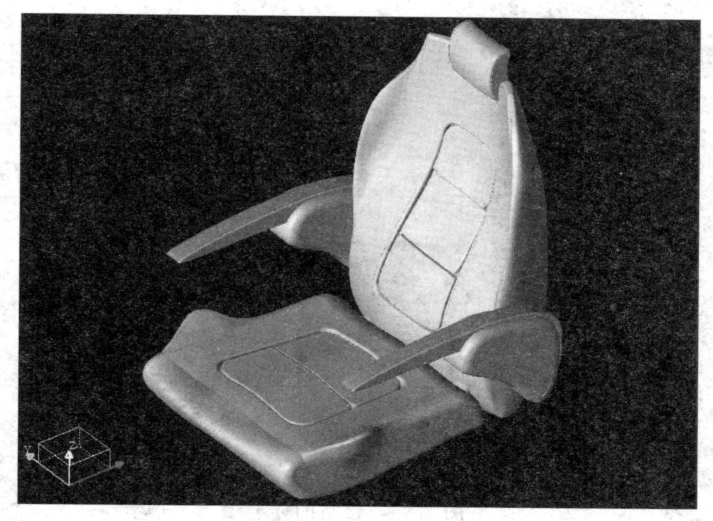

图 3－4　补好的面

四、工程塑料首版加工中的拆分原则

在 CNC 工程塑料首版加工时，对于一些工件，由于工件结构复杂、尺寸较大及材料厚度不够等原因导致加工困难时，需要对工件形状进行拆分处理。同一个产品的拆分方案有很多，不同的人、不同的原材料都会导致不同的拆分方案。但均应遵守以下拆分原则：

(1) 保证工件强度原则：加工时，一般情况下，零件形状越简单越容易加工，但也不能分得太小、太薄，加工强度不够，导致加工变形或破裂。

(2) 方便加工原则：有些镂空、叉架类的造型等，会给加工带来不便，甚至无法加工，如图 3－5 所示的镂空杯子。

(3) 节省材料、最少切削时间原则：工程塑料的原材料一般情况下都是厚度一定的板材，对于某些形状，采用大块材料进行加工时需要切除大量的材料，不仅废料，还费工时，比如一个较大的方盒子之类的形状。

(4) 保证拼接定位准确原则：拆分的位置也须设计合理，应保证在粘接时，方便定位和操作。

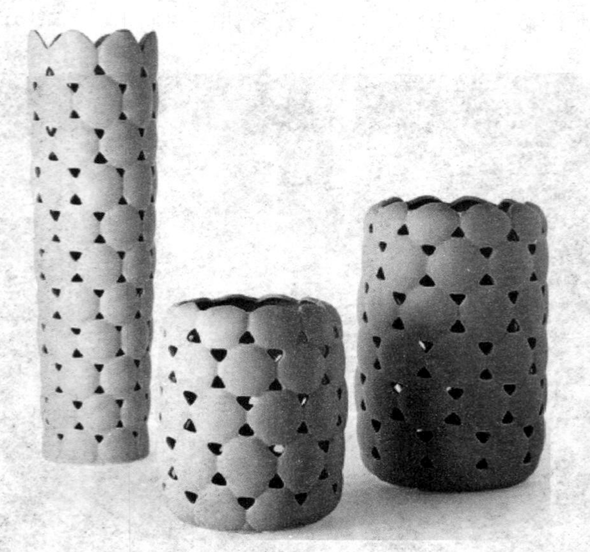

图 3-5 镂空的杯子

例 1：叉车车轮的拆分。

轮胎数据模型如图 3-6 所示，车轮的车胎结构较复杂，表面花纹不易加工，需要将其拆分为基体和表面花纹两部分。车轮基体部分在拆分掉车胎表面花纹厚度后加工就变得简单。表面花纹按其原形加工较为困难，由于车胎表面花纹部分厚度较薄，用 Cimatron 软件中的曲面展开（SRFLAT）命令，将其表面部分展开成如图 3-7 所示的结构形状进行 CNC 加工，然后进行拼接。

图 3-6 轮胎数据模型

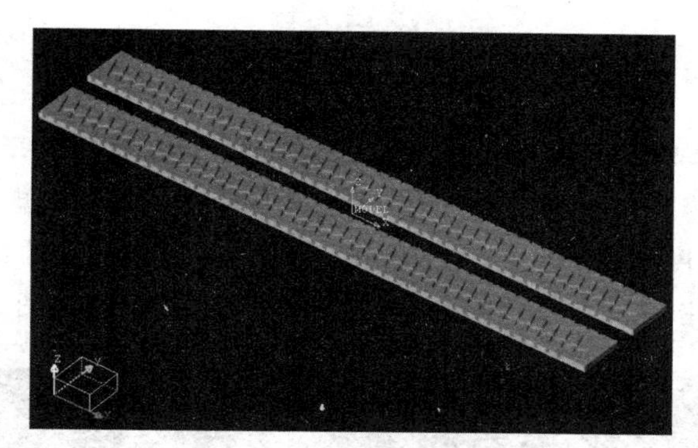

图 3-7 拆分后的形状

例 2：叉车方向盘的拆分。

如图 3-8 所示，叉车方向盘与操纵台的厚度相差太多需要拆分。方向盘部分也由于加工困难需要拆分。考虑到拼接时的定位、拼接后的强度，以及方便打磨，将拼接面下沉 3—4 毫米，如图 3-9 所示。拆分成三个部分，分别单独 CNC 加工、

图 3-8 叉车方向盘

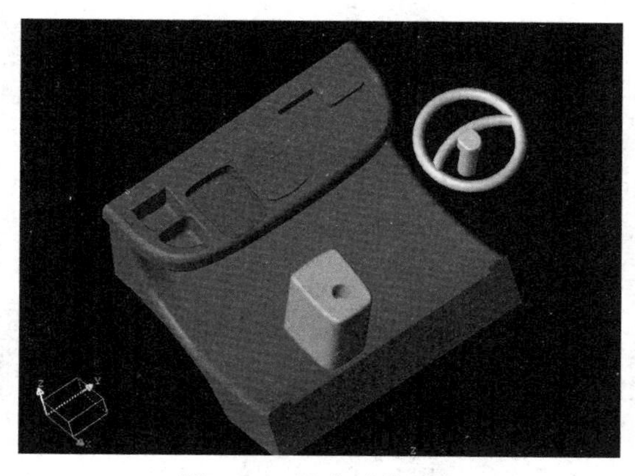

图 3-9 拆分后的形状

打磨、喷漆完成后再进行拼接。此时的拼接线即为工件的装配线，不影响整体效果。

例 3：叉车驾驶座椅的拆分。

叉车驾驶座椅可拆分成多个部分：扶手、靠背和坐垫。考虑到组装时的定位准确，以及拼接强度，在拆分面上增加定位柱子。由于各部分的接触面都不规则，增加一个方形的柱子，这样既有利于定位，又使得加工方便，如图 3－10 所示。

图 3－10　拆分的形状

例 4：叉车前叉的拆分。

如图 3－11 所示为叉车的前叉。如整体加工则不仅需采用大尺寸的原材料，切削时间也大幅度增加。依据节省材料、减少切削时间原则，将形状拆分为如图 3－12 所示的形状。

图 3－11　叉车前叉

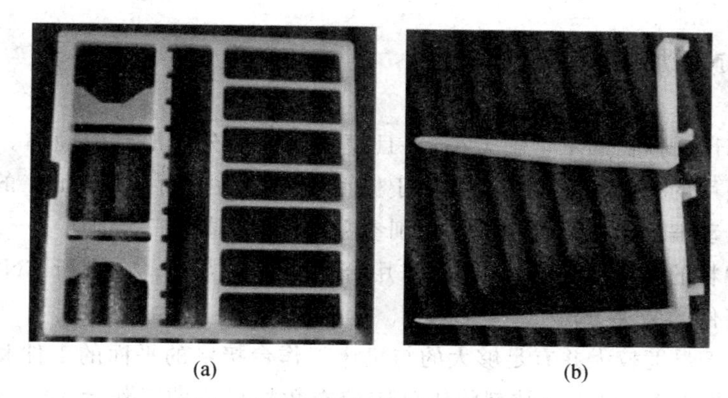

(a)　　　　　　　　(b)

图 3－12　叉车前叉拆分后的两部分

例 5：叉车底盘和后部配重块的拆分。

如图 3－13 所示的叉车底盘和后部配重块的结构较复杂需要拆分。将其拆分为三部分，拆分成如图 3－14 所示的结构形状后再进行 CNC 加工。

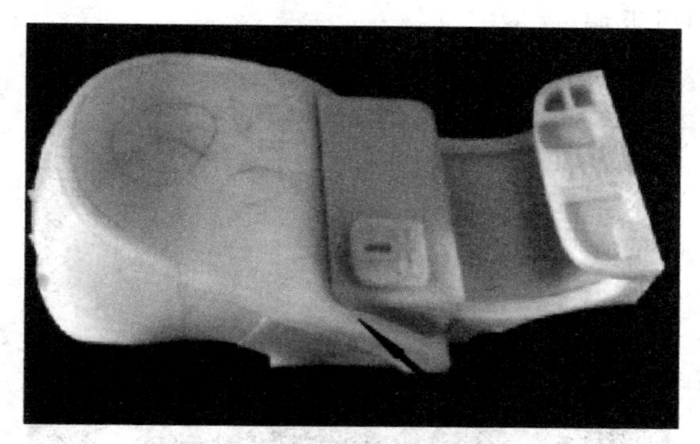

图 3－13　叉车底盘和后部配重块

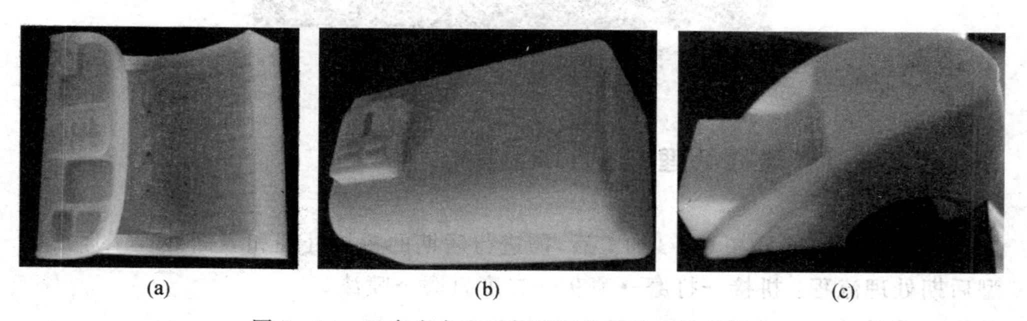

(a)　　　　　　　　(b)　　　　　　　　(c)

图 3－14　叉车底盘和后部配重块拆分后的三部分

五、CNC加工

对于ABS材料，加工切削力小，并且模型通过拆分后形状较简单。数控设备一般采用通用的三坐标数控铣床。由于模型表面多为曲面，CNC加工的NC程序采用软件自动编程方法进行编程。切削参数与一般数控加工类似。

由于塑料的强度低，在加工时要采用合适的装夹方法。在进行CNC加工时，工程塑料工件的装夹方法如下：

(1) 对于强度较大并有足够大的与机床工作台接触的平面的工件和薄的平板类工件，在装夹时直接用黏结剂将工件固定在数控机床的工作台上。或用真空吸力固定工件。

(2) 对于强度小的薄壁类曲面零件，一般用黏结剂将大块的ABS材料固定在数控机床的工作台上，先加工出工件的凹面。然后用石膏填满凹坑以增加工件强度，再用黏结剂将其固定在数控机床的工作台上，加工出工件的凸面，如图3-15所示的叉车的后挡风玻璃。

图3-15　叉车的后挡风玻璃

六、拼接和表面处理

拆分后的各部分在CNC加工后，需进行后期的拼接处理和表面处理工序。模型后期处理流程：拼接→打磨→喷灰→二度打磨→喷漆。

1. 拼接

拼接采用的胶水为3秒(分为快干和慢干两种)、牙粉和丙酮。快干3秒可以使两个工件快速粘接；慢干3秒可以使两个工件在粘接时有充分的时间进行调整。牙粉和胶水混合可以填补拼接的缝隙，使表面平整。丙酮可以使慢干胶水迅速固化。

打磨和拼接没有固定的先后顺序。按产品形状排序，可先打磨，也可先拼接。

2. 打磨

为了让工件表面光滑平整，需进行打磨处理。首先用较粗的砂纸打磨，再用较细的砂纸打磨，直至用到800目的砂纸。

3. 喷灰

接着进行表面喷灰处理工序，这道工序是为了检查打磨之后表面的光洁情况，发现表面问题之后再进行打磨。

透明件不需要喷灰，打磨完成后用棉布涂上3M抛光膏，进行抛光处理，直到透明度达到要求。

4. 二度打磨

喷灰后，进行二度打磨，直至达到所需的表面质量。

5. 喷漆处理

如图3－16所示，为叉车的最终首版模型。

图3－16　叉车最终首版模型

第三节　3D打印首版制作

一、3D打印技术概述

1. 3D打印技术概念

3D打印是制造业领域正在迅速发展的一项新兴技术，被称为“具有工业革命意义的制造技术”。3D打印技术是指通过连续的物理层叠加，逐层增加材料来生成三维实体的技术，与传统的去除材料加工技术不同，因此又称为增材制造（AM，Additive Manufacturing）。

3D打印是“增材制造”的主要实现形式。“增材制造”的理念区别于传统的“减材制造”。传统“减材制造”一般是在原材料基础上，使用切割、磨削、腐蚀、熔融等办法，去除多余部分，得到零部件，再以拼装、焊接等方法组合成最终产品。“增材制造”则无需毛坯和模具，而是直接根据计算机图形数据，通过增加材料的方法生成任何形状的物体，简化产品的制造程序，缩短产品的研制周期，提高效率并降低成本。

3D打印机是3D打印的核心装备，它是集机械、控制及计算机技术等为一体的复杂机电一体化系统，主要由高精度机械系统、数控系统、喷射系统和成型环境等子系统组成。此外，3D打印耗料、打印工艺、设计与控制软件等是3D打印技术体系的重要组成部分。3D打印技术的产业链包括：软件、装备、材料和服务应用。

2. 3D打印技术分类

3D打印技术分为3DP技术、FDM熔融层积成型技术、SLA立体平版印刷技术、SLS选区激光烧结技术、DLP激光成型技术和UV紫外线成型技术等。

（1）3DP技术

采用3DP技术的3D打印机使用标准喷墨打印技术，通过将液态连结体铺放在粉末薄层上，以打印横截面数据的方式逐层创建各部件，创建三维实体模型，采用这种技术打印成型的样品模型与实际产品具有同样的色彩，还可以将彩色分析结果直接描绘在模型上，模型样品所传递的信息较大。

（2）FDM熔融层积成型技术

FDM熔融层积成型技术是将丝状的热熔性材料加热融化，同时三维喷头在计算机的控制下，根据截面轮廓信息，将材料选择性地涂敷在工作台上，快速冷却后形成一层截面。一层成型完成后，机器工作台下降一个高度（即分层厚度）再成型下一层，直至形成整个实体造型。其成型材料种类多，成型件强度高，精度较高，主要适用于成型小塑料件。

（3）SLA 立体平版印刷技术

SLA 立体平版印刷技术以光敏树脂为原料，通过计算机控制激光按零件的各分层截面信息在液态的光敏树脂表面进行逐点扫描，被扫描区域的树脂薄层产生光聚合反应而固化，形成零件的一个薄层。一层固化完成后，工作台下移一个层厚的距离，然后在原先固化好的树脂表面再敷上一层新的液态树脂，直至得到三维实体模型。该方法成型速度快，自动化程度高，可形成任意复杂形状，尺寸精度高，主要应用于复杂、高精度的精细工件快速成型。

（4）SLS 选区激光烧结技术

SLS 选区激光烧结技术是通过预先在工作台上铺一层粉末材料（金属粉末或非金属粉末），然后让激光在计算机控制下按照界面轮廓信息对实心部分粉末进行烧结，然后不断循环，层层堆积成型。该方法制造工艺简单，材料选择范围广，成本较低，成型速度快，主要应用于铸造业直接制作快速模具。

（5）DLP 激光成型技术

DLP 激光成型技术和 SLA 立体平版印刷技术比较相似，不过它是使用高分辨率的数字光处理器（DLP）投影仪来固化液态光聚合物，逐层地进行光固化，由于每层固化时通过幻灯片似的片状固化，因此速度比同类型的 SLA 立体平版印刷技术更快。该技术成型精度高，在材料属性、细节和表面光洁度方面可匹敌注塑成型。

（6）UV 紫外线成型技术

UV 紫外线成型技术与激光成型技术相似，利用 UV 紫外线照射液态光敏树脂，一层一层、由下而上堆栈成型。

普通的桌面级 3D 打印机采用 FDM 熔融层积成型技术。

2. 特点与优势

3D 打印技术具有绿色、分散式、短流程、个性化、一体化成型、柔性等特点，在创新设计、下一代制造市场中有广阔的市场前景，对其上下游及衍生的应用市场的经济影响也很大。对于杭州企业来说，中国市场的潜力是巨大的，中国庞大的制造业基础及存量应用市场使得中国将超越美国，成为全球最大的市场。其具有下列优势：

（1）不受零件形状限制的一体化成型

传统的加工方法由于受设备结构的限制，导致形状复杂的零件难以加工，可加工的零件形状受到很大的限制，使得一部机器需要很多个零件组装。3D 打印技术则实现了只要能想到的零件形状就能制造的可能，大大减少了零件的个数，简化了生产管理和部分组装工序。

(2) 3D 打印可以实现零库存和零备用

只要拥有 CAD 数据和 3D 打印机，就可以当场打印零件。如果能够按照需求，为消费者量身定制，就不需要再保留库存。

售后服务也可以提高效率。在推出商品后，为了防范故障的发生，企业必须长年保管用于维修的备用零件。而如果能够使用数位资料当场制作的话，就无须再继续保管零件以及制作零件的模具。

(3) 零物流的"互联网＋设计＋制造"模式

同样有可能受到影响的还有物流。现在已经有企业在筹划实施"零物流"的开发。其代表企业是以塑胶成型制品为主要业务，最近开始大力发展家电业务的爱丽思欧雅玛。

该公司的开发基地位于宫城县角田市，最大的生产基地在大连。过去，在设计、开发商品的时候，为了确认生产现场的情况，也就是工厂的生产流程，每次试制，试制品都要在日本与中国之间转上一圈。但现如今，该公司于 2014 年在大连工厂内设置 3D 打印机，取消开发中的物流环节。

大致的家电设计概念首先在日本敲定，在经由网际网路收到数据后，大连的技术人员按照生产现场的情况，绘制详细蓝图。日本和大连的两个基地分别使用 3D 打印机进行试制，通过电视会议讨论改进。

这样做不仅可以省去试制品往返两国之间的物流成本，还能节省时间，减少海关导致的运输滞留风险，从而缩短开发期，比竞争对手更快地为消费者送上新商品。

(4) 个性化定制

福特汽车的创始人亨利·福特留给世界最大的功绩，是名为福特系统的大批量生产方式。1914 年，通过采用输送带流水作业方式，汽车实现了大批量生产。通过只生产黑色一个款式，量产效果大幅降低了成本，引发了购买热潮。

引导全球进入"多品种"时代过渡期的，是日本的制造业。丰田为了使生产多品种的效率与生产单一款式相当，开发出了最大限度减少零件库存的"看板管理"方式，将美国制造业挤下了领导者宝座。日本建立在自给自足、与关联企业紧密关系基础上的"磨合型"产业结构非常适合这种模式运行。

社会发展到现在，为了在"多品种"的程度上更进一步，实现"个性化定制"的经济模式，世界各大先进企业纷纷展开了行动。量身定制能够通过提供符合个人偏好和需求的唯一产品，最大限度提升附加值。实现这种新模式的工具便是3D打印机。

（5）缩短新产品的开发时间和流程

3D打印技术实现了从模拟数据到实物产品的零距离，减少了模具的开发环节。

3. 应用领域

3D打印技术能降低工业企业的新产品开发成本和缩短开发周期，实现工业转型升级；在“大众创业、万众创新”的形势下，可以让创业者更方便创新；可以培养学生的创新能力和动手能力；可以解决航空航天、人体器官等特殊领域的制造难题；还具有节材、节能、个性化、环保等特点。3D打印技术将会培育出很多新型的产业，培育经济增长点和新消费。

3D打印技术可以应用的领域非常广泛，主要有下面七个方面：

（1）工业制造

用于产品概念设计、原型制作、产品评审、功能验证；制作模具原型或直接打印模具，甚至直接打印产品。3D打印的小型无人飞机、小型汽车等概念产品已问世。3D打印的家用器具模型，也被用于企业的宣传、营销活动中。

（2）文化创意和数码娱乐

用于制造形状和结构复杂、材料特殊的艺术表达载体。科幻类电影《阿凡达》运用3D打印技术塑造了部分角色和道具，3D打印的小提琴接近了手工艺的水平。

（3）航空航天、国防军工

用于复杂形状、尺寸微细、特殊性能的零部件、机构的直接制造。

（4）生物医疗

用于制造人造骨骼、牙齿、助听器、义肢等。

（5）消费品

用于珠宝、服饰、鞋类、玩具、创意DIY作品的设计和制造。

（6）建筑工程

用于建筑模型风动试验和效果展示，建筑工程和施工（AEC）模拟。

（7）教育

模型验证科学假设，用于不同学科实验、教学。在一些中学、普通高校和军事院校，3D打印机已经被用于教学和科研。

4. 3D打印的材料

随着3D打印技术的广泛推广，应用的领域越来越广泛，新型材料越来越多，目前常用材料有塑料、尼龙玻纤、耐用性尼龙材料、石膏材料、铝材料、钛合金、不锈钢、镀银、镀金、橡胶类材料。不同的成型方式采用对应的成型材料，如表3-1所示。

表 3-1　成型方式和成型材料

成型方式	成型材料
熔融沉积式(FDM)	热塑性塑料,共晶系统金属,可食用材料
电子束自由成型制造(EBF)	几乎任何合金
直接金属激光烧结(DMLS)	几乎任何合金
电子束熔化成型(EBM)	钛合金
选择性激光熔化成型(SLM)	钛合金,钴铬合金,不锈钢,铝
选择性热烧结(SHS)	热塑性粉末
选择性激光烧结(SLS)	热塑性塑料、金属粉末、陶瓷粉末
石膏 3D 打印(PP)	石膏
分层实体制造(LOM)	纸、金属膜、塑料薄膜
立体平版印刷(SLA)	光硬化树脂
数字光处理(DLP)	光硬化树脂

二、3D 打印机的工作原理及操作流程

1. 3D 打印机的工作原理

3D 打印机相对于其他的添加剂制造技术而言,具有速度快,价格便宜,易用性高等优点。3D 打印机是可以“打印”出真实 3D 物体的一种设备,功能上与激光成型技术一样,采用分层加工、叠加成型,即通过逐层增加材料来生成 3D 实体,与传统的去除材料加工技术完全不同。称之为“打印机”是参照了其技术原理,因为分层加工的过程与喷墨打印十分相似。

3D 打印机的工作原理和传统打印机基本一样,都是由控制组件、机械组件、打印头、耗材和介质等架构组成的,打印原理是一样的。3D 打印机主要是在打印前在电脑上设计了一个完整的三维立体模型,然后再进行打印输出。3D 打印的设计过程是:先通过计算机建模软件建模,再将建成的三维模型“分区”成逐层的截面,即切片,从而指导打印机逐层打印。设计软件和打印机之间协作的标准文件格式是 STL 文件格式。一个 STL 文件使用三角面来近似模拟物体的表面。三角面越小其生成的表面分辨率越高。PLY 是一种通过扫描产生的三维文件的扫描器,其生成的 VRML 或者 WRL 文件通常被用作全彩打印的输入文件。

2. 操作流程

第一步:先通过计算机建模软件建模。比如产品模型、动物模型、人物或者微缩

建筑等。然后通过 SD 卡或者 U 盘将其拷贝到 3D 打印机中，再进行打印设置。

第二步：打印过程。3D 打印与激光成型技术一样，采用了分层加工、叠加成型来完成 3D 实体打印。

第三步：制作完成后期处理。3D 打印机的分辨率对大多数应用来说已经足够(在弯曲的表面可能会比较粗糙，像图像上的锯齿一样)，要获得更高分辨率的物品可以通过如下方法：先用当前的 3D 打印机打出稍大一点的物体，再稍微经过表面打磨即可得到表面光滑的“高分辨率”物品。有些技术可以同时使用多种材料进行打印。有些技术在打印的过程中还会用到支撑物，比如在打印出一些有倒挂状的物体时就需要用到一些易于除去的东西(如可溶的东西)作为支撑物。

三、3D 打印首版制作

由于 3D 打印的特性，其加工方法不受零件形状的限制，任意形状都能加工，因此，在首版制作方面具有很大的优势。越来越多的首版企业采用 3D 打印来制作首版。下面以剪刀的 3D 打印首版制作为例，如图 3－17 所示，讲解产品 3D 打印首版的制作方法。

完成一个模型的打印需完成以下三个步骤：

(1) 数字模型的完整制作：数字模型必须是实体，不允许有破面或是不封闭的面，否则打印出来会是片体，这使得在打印之前必须要对模型的完整性进行检查。

(2) 模型文件的 STL 格式导出：由 3D 打印机自带软件对模型进行编辑，生成 STL 格式文件。

(3) 3D 打印机打印操作。

以下详细叙述各步骤。

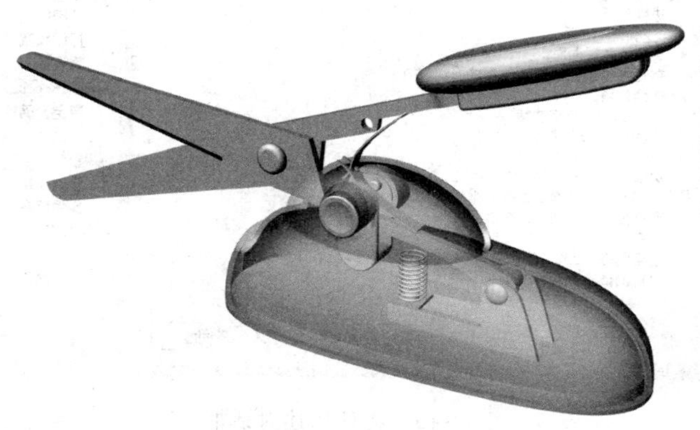

图 3－17　剪刀数字模型

1. 数据提取

3D 打印产品时，需要将产品拆分成各个零件，分别打印。下面我们就以剪刀模型的局部为例，对剪刀的外壳进行 3D 打印。首先提取剪刀外壳的数据模型，如图 3－18 所示。

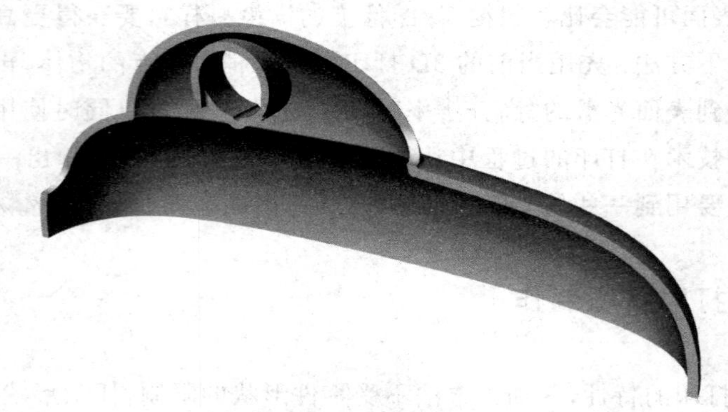

图 3－18　剪刀外壳的数据模型

2. 检查数字模型的完整性

要想完成打印，数据模型要具备如图 3－19 所示的条件。RHINO 界面左键激活模型后，点击属性里面的详细数据，弹出物件描述对话框。查看几何图形是否实体，这是必备条件，必须满足实体化建模条件。

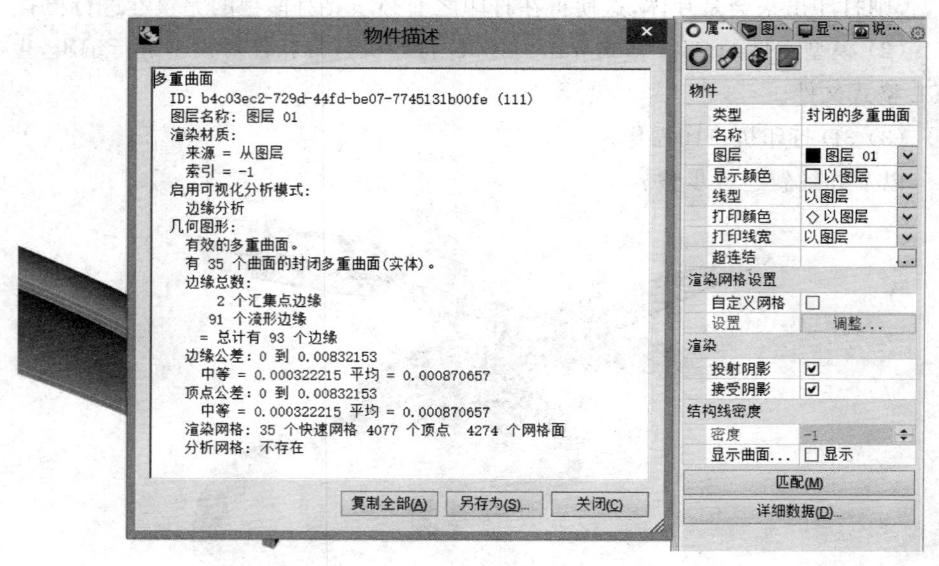

图 3－19　物件描述对话框 1

如果如图 3－20 所示，当检查后发现并非实体的情况时，要如何去解决这个问题呢？

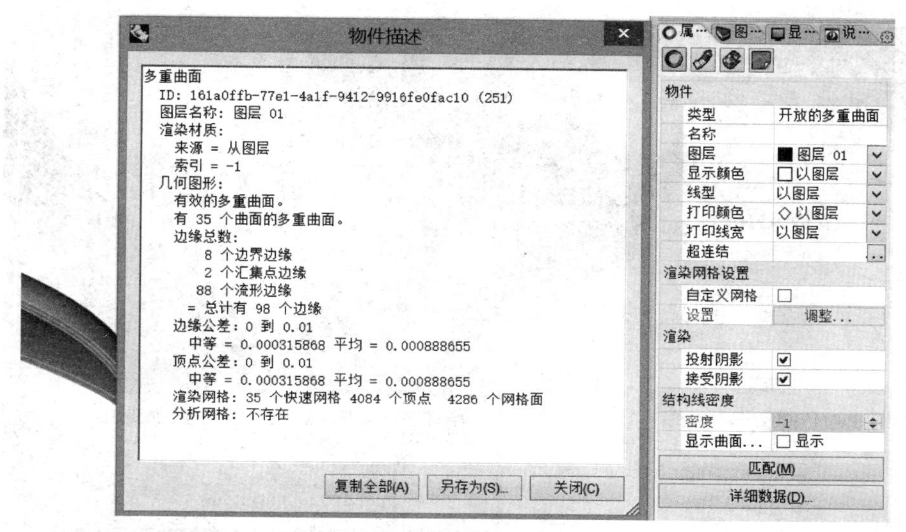

图 3－20　物件描述对话框 2

首先，用边缘分析工具去检查模型有无外露边缘，如果发现有，那么就试着去修复它，以满足 3D 打印的条件。在这个模型中，我们发现命令栏显示有 8 个外露边缘，如图 3－21 所示。

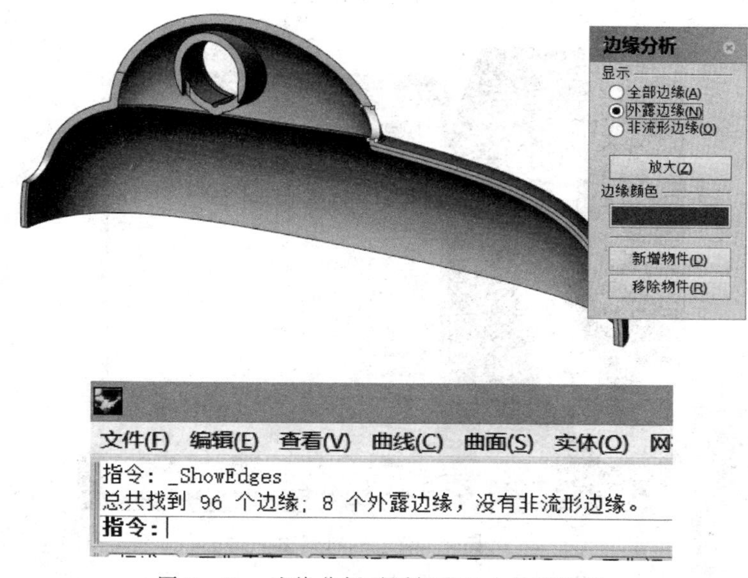

图 3－21　边缘分析对话框和 8 个外露边缘

接着,修复有外露边缘的曲面。有两种方法:第一种方法,用边缘工具编辑栏里面的“组合两个边缘”命令,去修复有外露边缘的曲面,如图 3-22 所示。

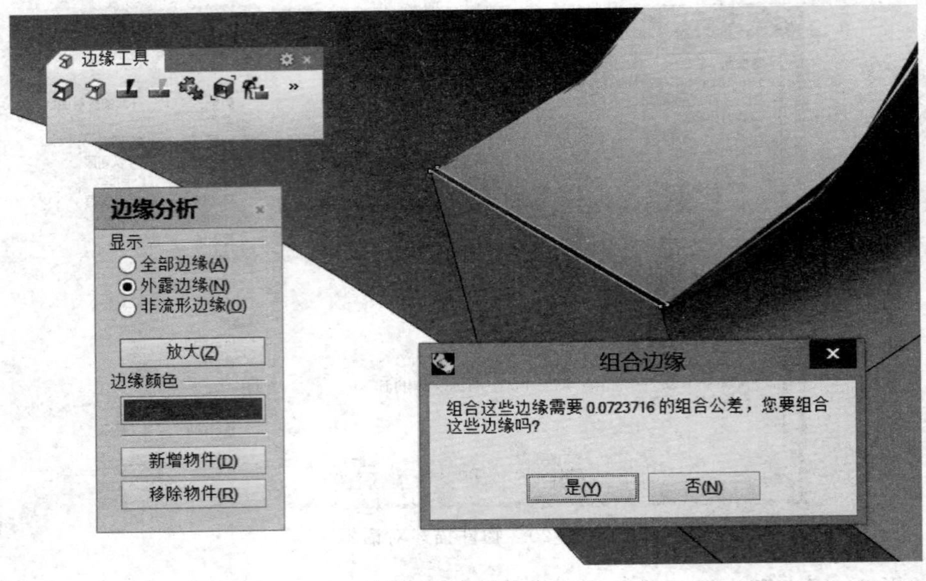

图 3-22 边缘工具

第二种方法,重新建立面,这里使用双轨扫掠命令进行补面,如图 3-23 所示。编辑成实体后就可以进行下一步 3D 打印操作了。

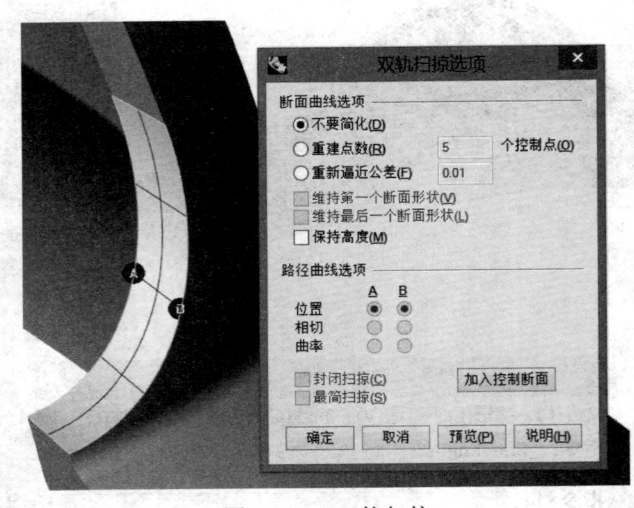

图 3-23 双轨扫掠

3. 导出文件为 STL 格式

按图 3-24 和图 3-25 所示设置文件，导出文件为 STL 格式文件。

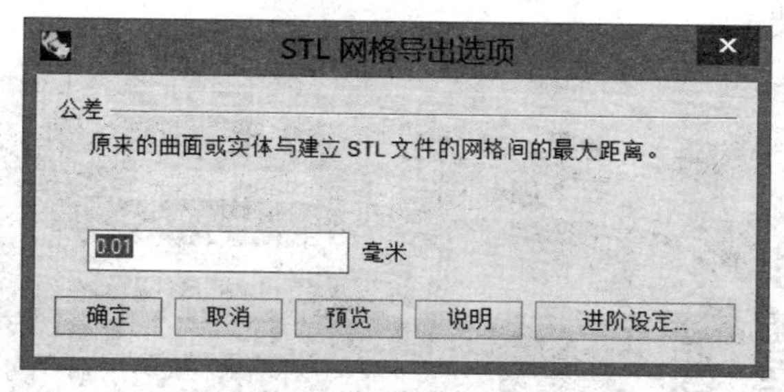

图 3-24 STL 网格导出选项

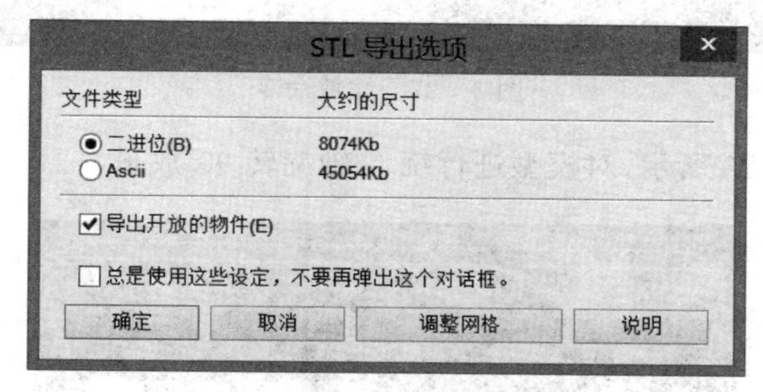

图 3-25 STL 导出选项

4. 将 STL 文件拖到 3D 打印自带软件里面

本节讲解的打印机是熔融式桌面级 3D 打印机，所以对模型的位置和角度的条件要求非常严格，合理的摆放，可以使打印出来的模型更加美观。如图 3-26 所示，是刚拖进来的模型，可以看出这么打印到后期整个材料会塌下来，那么我们就要对其进行调整，以保证成功打印。

图 3-26 拖到 3D 打印软件里面的数据

（1）如图 3-27 所示，执行缩放命令。如果是要装配的产品，不要在此软件里进行缩放，选择“保持比例”。如需改变打印模型的比例，建议在犀牛软件里进行，否则会影响后期装配。

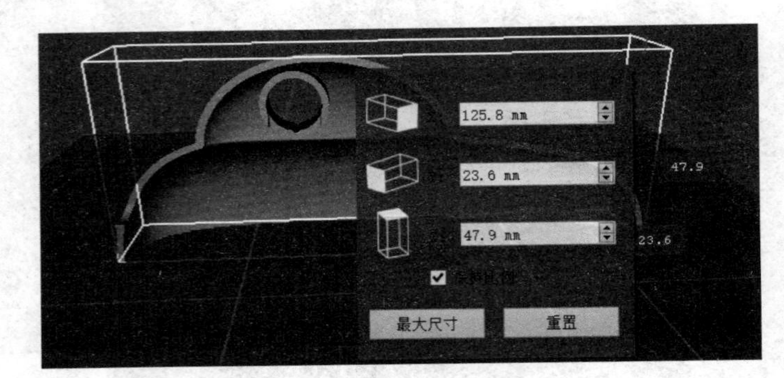

图 3-27　缩放命令

（2）如图 3-28 所示，对模型进行绕 X 轴旋转 90°放平。

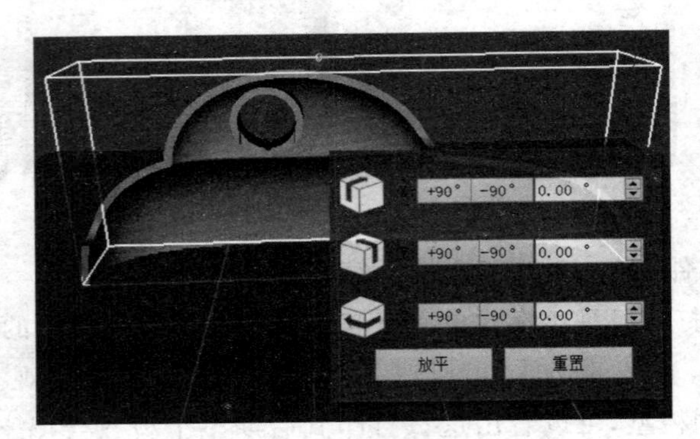

图 3-28　绕 X 轴旋转 90°放平

（3）如图 3-29 所示，将模型进行移动居中，放在底板上，XY 轴归 0。

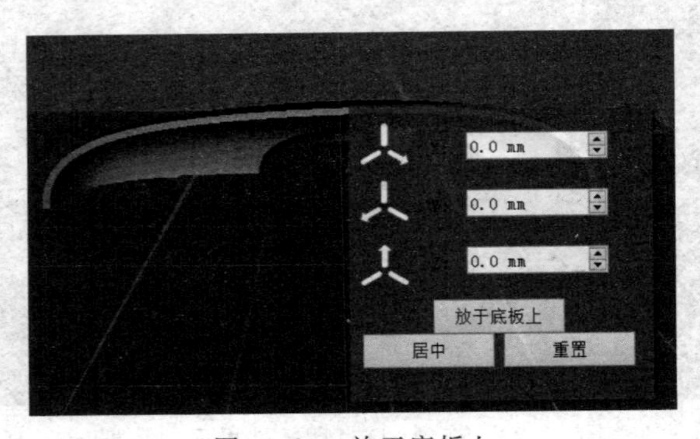

图 3-29　放于底板上

注意：加支撑的表面会较粗糙、质量较差，需要大量的后期处理，所以不要把产品的外表面朝下，如图 3-30 所示。但这样放置的话，可以保证配合面质量。综合考虑，应将零件进行如图 3-29 的位置放置。

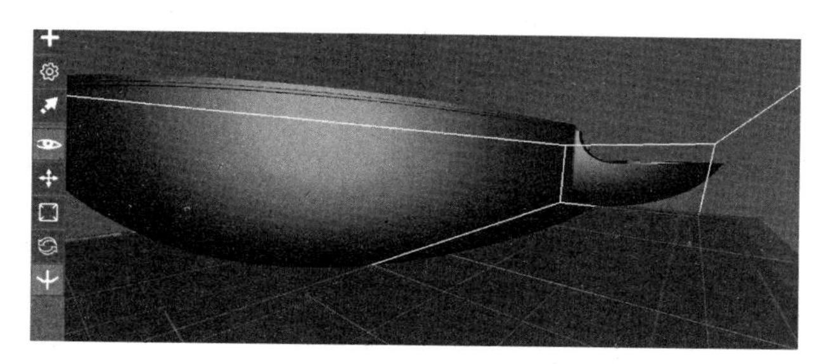

图 3-30 零件的外表面向下放于底板上

5. 生成 G 代码

如图 3-31 所示，点击设置，这里选项为默认，加上底垫和支撑。支撑在模型有悬空面的情况下考虑添加。

图 3-31 生成 G 代码

6. 导出 G 文件

插入 SD 卡，导出 G 文件到 3D 打印机 SD 卡，如图 3-32 所示。

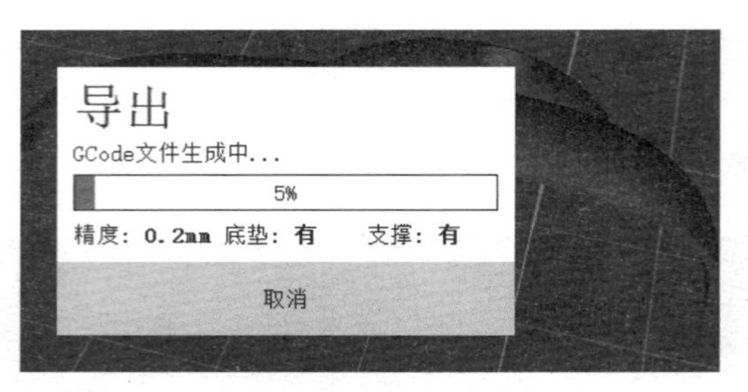

图 3-32　导出 G 文件到 3D 打印机 SD 卡

7. 3D 打印机打印

插入 SD 卡，打开机器。按中键打开 Print from SD，得到如图 3-33 所示界面。利用键盘的上、下键找到需要打印的文件，按中键开始打印，界面如图 3-34 所示。然后按确认键，开始打印，此时界面如图 3-35 所示。

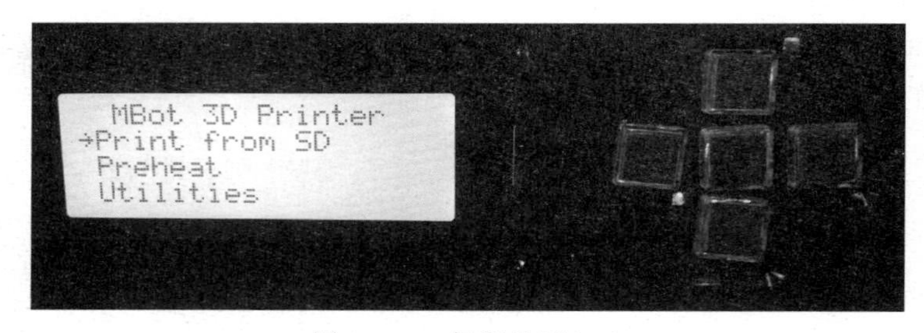

图 3-33　打印界面(一)

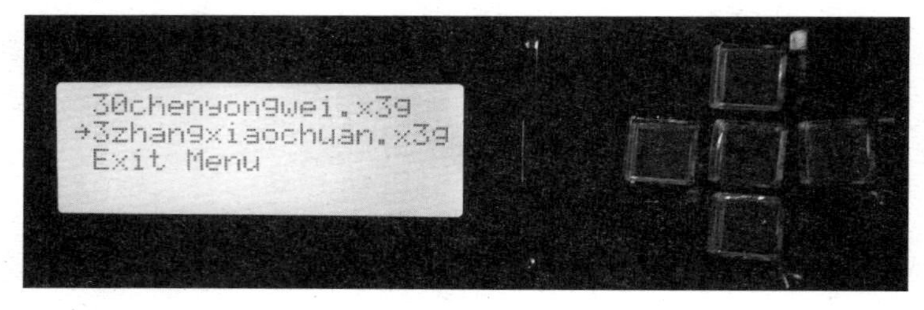

图 3-34　打印界面(二)

图 3-35　打印界面(三)

8. 中途取消打印

如果在打印过程中出现错误则需要中途取消打印任务。操作如下：按键盘左键，出现如图 3－36 所示界面，使箭头指向第二个选项 Cancel Print，按键盘中键确定，得到如图 3－37 所示界面。选择 YES，打印任务将会停止。

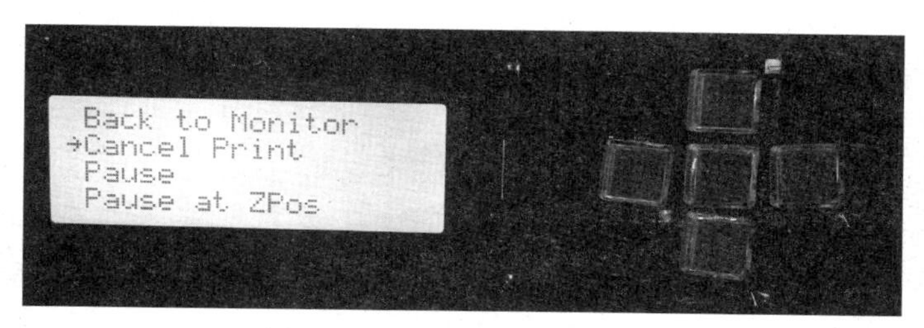

图 3－36　取消打印界面(一)

图 3－37　取消打印界面(二)

9. 铆钉的打印

打印时，将铆钉的头朝上放置进行打印，这样虽然支撑材料较多，但可以保证铆钉头的表面质量。如图 3－38 所示，为带着支撑的铆钉；如图 3－39 所示，为拆除支撑后的铆钉。

图 3－38　带着支撑的铆钉

图 3－39　拆除支撑后的铆钉

10. 最终结果

将所有零件打印完成后，如图 3－40 所示。装配起来，如图 3－41 所示。

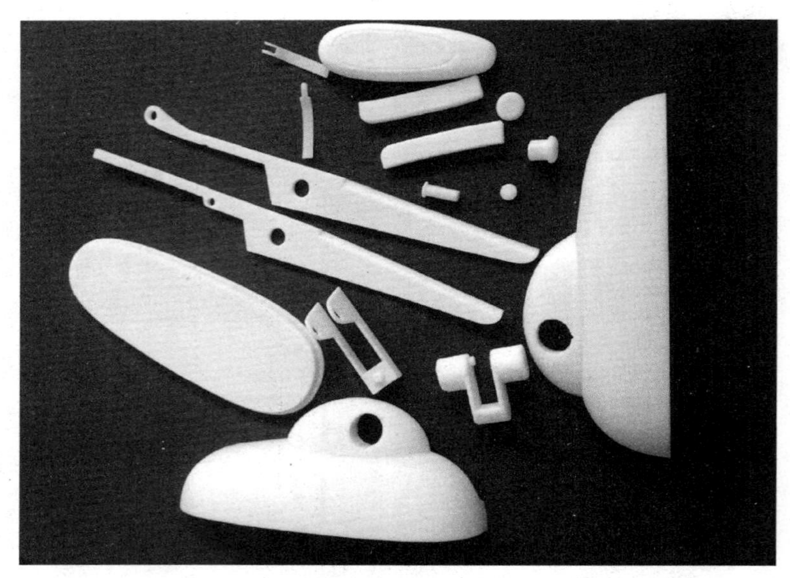

图 3－40　所有零件

图 3－41　装配结果

11. 后处理工序

后续的工序：打磨、喷漆，在此不再叙述。

四、3D打印注意事项

其实普通的桌面级3D打印机和耗材价格不高，操作也并不复杂，设计者自己可以买一台放在家里，辅助创新设计。下面，将对一些容易出现的问题的解决方法进行解析。

1. 3D打印机容易出现的问题和解决办法

(1) 电源问题：在联机打印时，台式电脑显示屏会亮暗闪烁，眼睛看着很不舒服，可能是电源不匹配，需仔细查看机身上的提示。

(2) 限位开关损坏(多为Y轴坏)：如图3-42所示，左边为坏的限位开关，右边为好的限位开关。解决方法：换限位开关。如果急用的话可以稍微折弯金属片，让金属片刚好接触到红色的零位开关也可以照常使用。

图3-42　限位开关

(3) 平台塌下：现象如图3-43所示，清理后如图3-44所示。解决方法：将螺丝拧上即可。将羊角螺丝穿过固定铁板经过弹簧拧上平台，三个位置固定好后如图3-45所示，调节下平台水平和Z轴高度就可以正常打印。

(4) 模型已坏，喷嘴处堵一团乱丝：如图3-46所示，可能原因有①平台不水平；②无底垫，打印模型与平台粘得不牢。

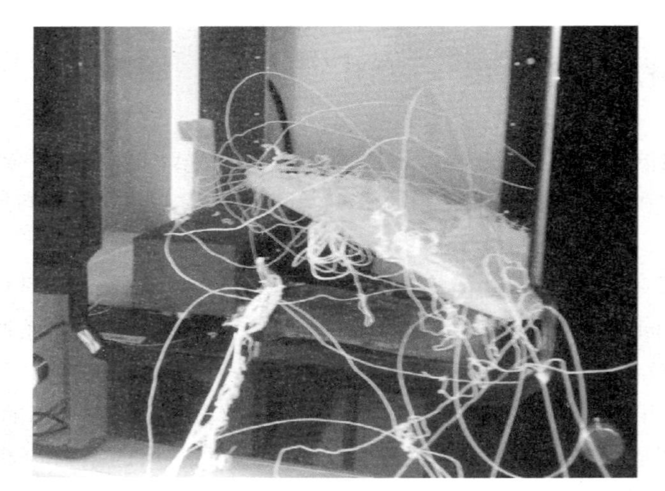

图 3-43　平台塌下现象

图 3-44　塌下的平台(清理后)

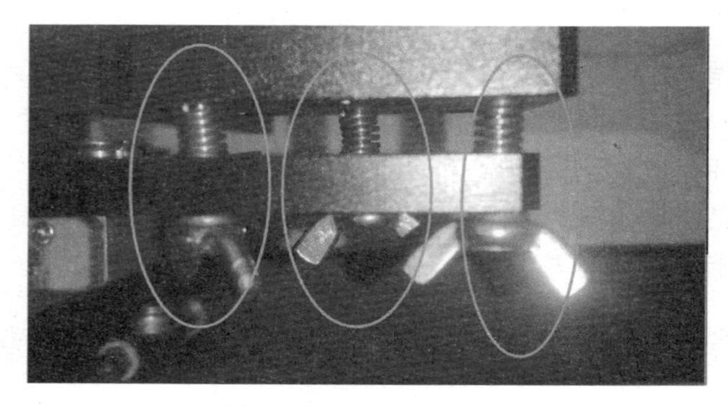

图 3-45　三个位置固定

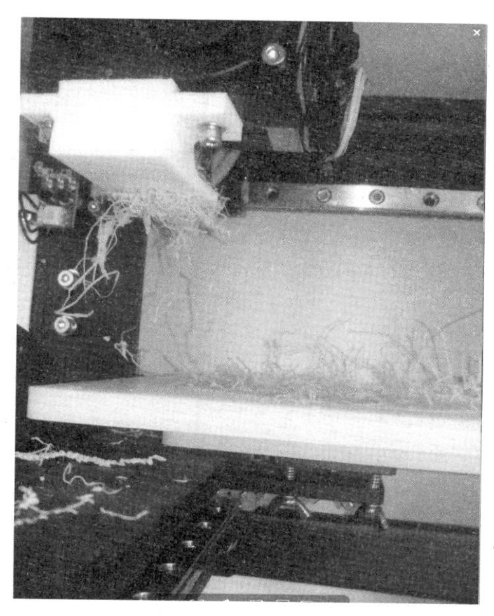

图 3-46 一团乱丝

解决方法：退出打印后，由于进丝时的热熔状态可以将堵的丝逼出来，首先在机器操作界面选择“进丝(load)”，如图 3-47 所示(注意戴手套防止烫伤)。等温度

图 3-47 进丝(load)

升高后，材料自动流出，如图 3－48 所示，然后用纸巾擦干净即可。如果丝逼不出来则需要拆卸白色（有的机器是其他颜色）外壳，如图 3－49 所示；用钳子夹去喷嘴上堵的丝，再重新安装好，如图 3－50 所示。调好平台至水平后，即可正常打印。

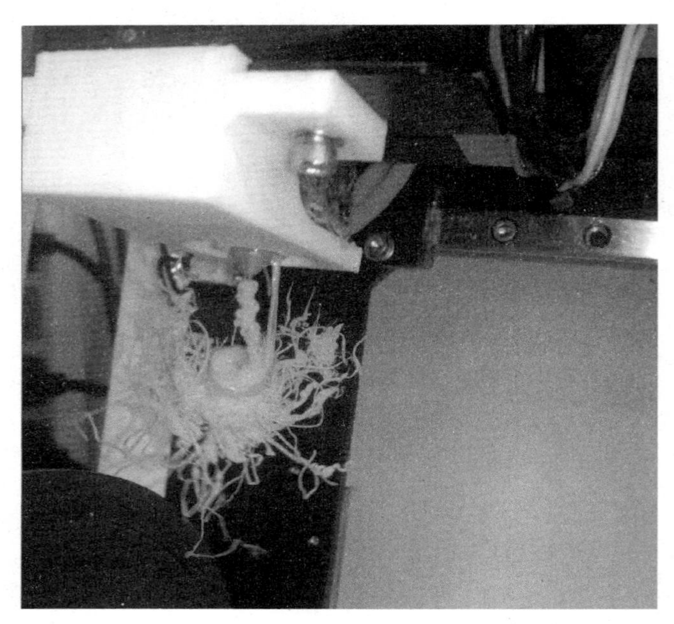

图 3－48　材料自动流出

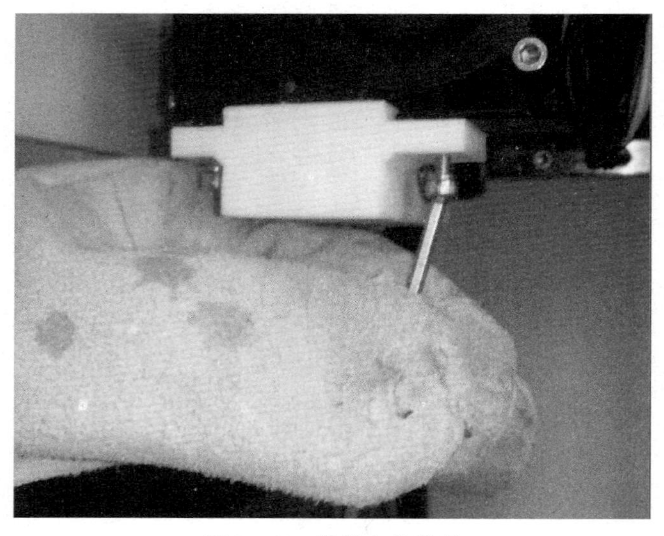

图 3－49　拆卸白色外壳

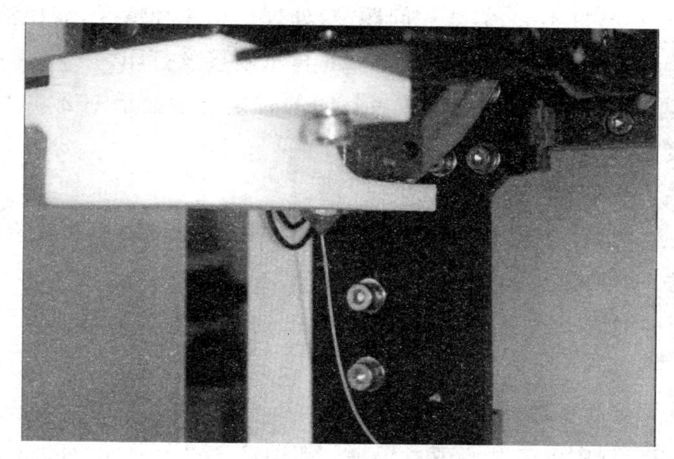
图 3-50 正常出丝

(5) 喷头堵丝：堵丝位置为如图 3-51 所示的圆圈位置，堵丝的现象是进丝进不去并发出“咔噔咔噔”声音，可能原因有①打印丝断在里面；②打印丝用完后，有一节遗留在里面；③打印丝变粗卡在里面。

图 3-51 堵丝位置

解决方法：将喷头模块拆开，然后选择“进丝(load)”，待温度到达 195℃后将残丝夹出来，如果丝太短夹不出来，可以用力将残丝捅下去。然后重新安装好进丝即可。

(6) 打印模型过程中机器不出丝：可能原因①打印丝打完；②打印丝变粗；③打印丝拉断；④喷头的进丝电机线接触不良；⑤打印丝缠绕。

解决方法：第①②③种情况，都采用重新手动推进进丝方法解决，一般都可以顺利进丝，若是还是进不去，需要作问题(5)处理。第④种情况，需换喷头电机的线束。第⑤种情况，留一段打印丝余量，剪断，再重新接丝打印。

(7) 温度传感器：进丝的时候或者打印的时候温度显示 002/000℃，则表示温度传感器线接触不良。

解决方法：更换温度传感器线束。

(8) 喷头线束坏：上电进丝，喷头进丝进不去，感觉喷头电机没有转动。

解决方法：更换喷头线束。

(9) 显示屏乱码或不变：按按键选择模型的时候屏幕乱码或者屏幕静止没有变化。

解决方法：重启机器。

(10) 打印过程中屏幕乱码或者黑屏：如图 3－52 和图 3－53 所示，无论按哪个键机器都没有反应，但打印还能继续。

解决方法：等待打印完成后重启机器。

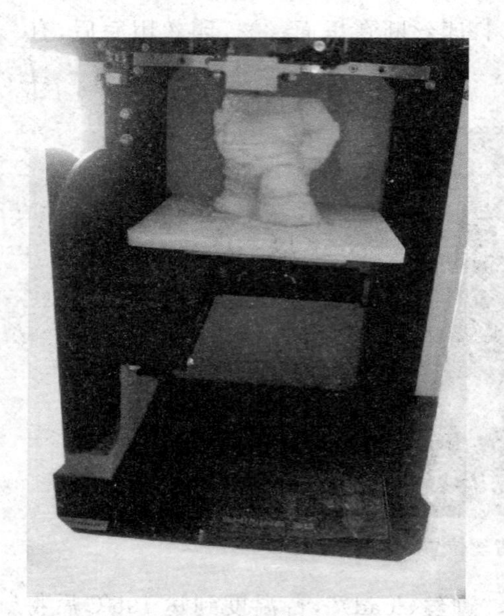

图 3－52　打印过程中黑屏

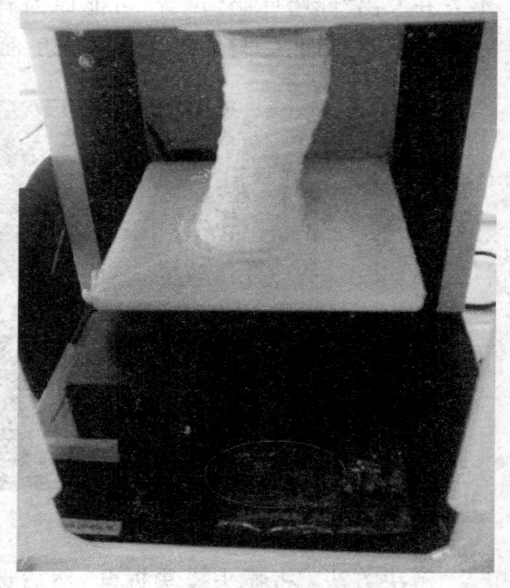

图 3－53　打印过程中屏幕乱码

(11) 喷嘴堵头，喷嘴堵头表现为：喷嘴能吐丝，但吐丝一段很粗一段很细，基座打印搭不成。

解决方法：拆去风导壳装换上新的喷嘴。如图 3－54 和图 3－55 所示，重新安装好，然后测试打印，看看新装喷嘴后 Z 轴高度是否足够。

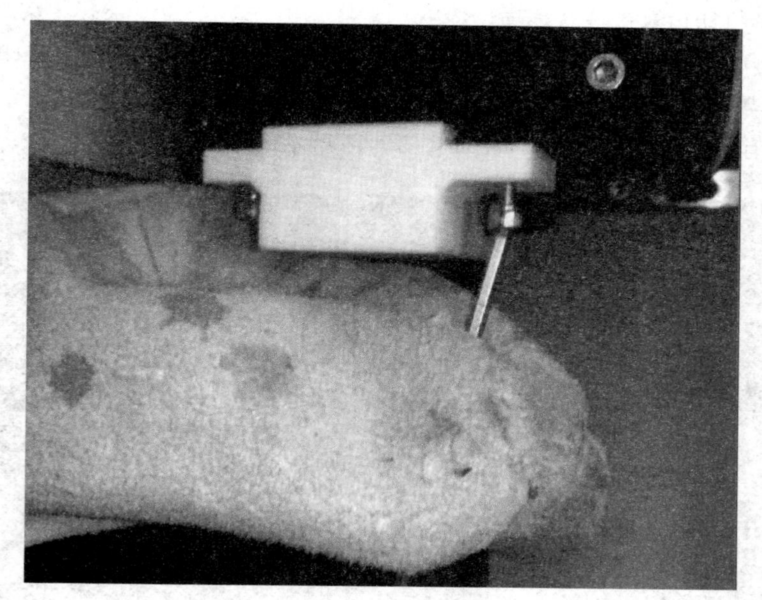

图 3 - 54 拆去风导壳 1

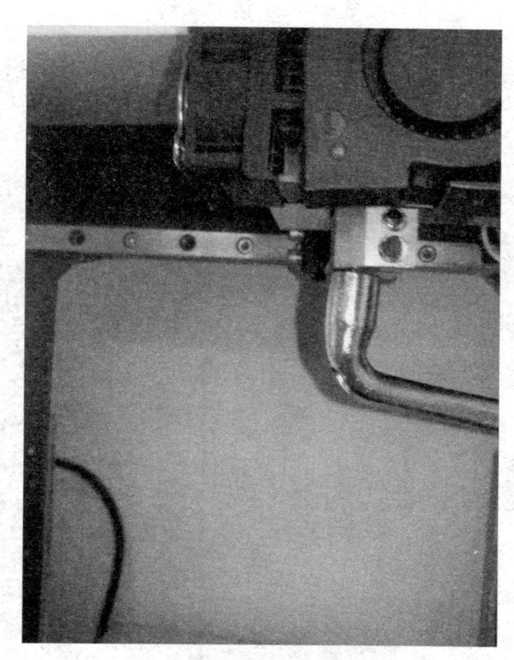

图 3 - 55 拆去风导壳 2

2. 3D 打印设置应注意事项

3D 打印虽然有诸多的优势，但桌面级的打印机在进行塑料首版打印时，还是有些问题需要注意的。

(1) 有些软件不稳定，会产生如图 3－56 所示的中间错位现象。

图 3－56 错位现象

(2) 如果工作平台调整得不平，则会导致如图 3－57 所示的一边高一边低的现象。

图 3－57 一边高一边低的现象

（3）打印速度、打印室内的温度、打印的熔丝温度设置、每一层的层厚设置都会影响打印产品的表面质量，参数的设置如图 3－58 所示。如图 3－59 所示的首版顶部破洞即因为打印速度过快、打印室内的温度过低、打印的熔丝温度过低、每一层的打印层厚过大造成的。

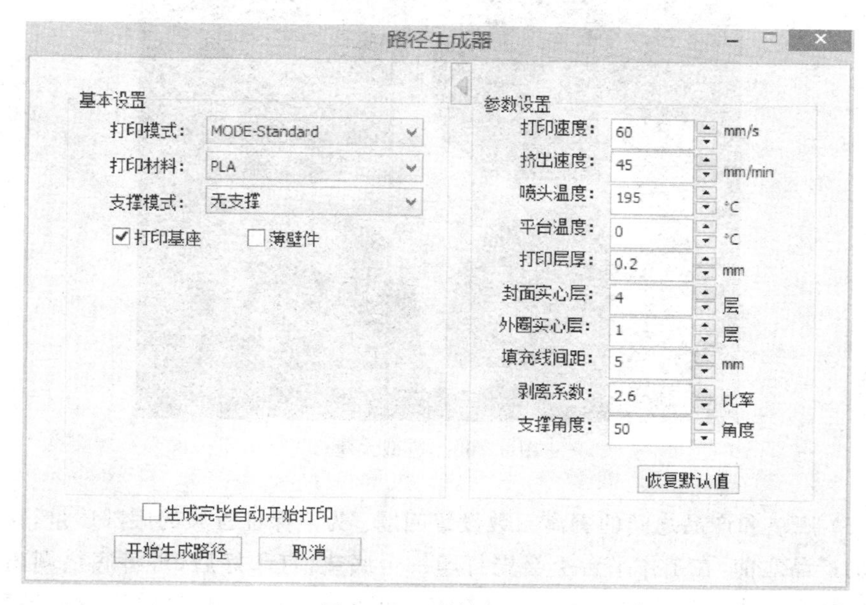

图 3－58　参数的设置

图 3－59　首版顶部破洞

(4) 产品造型的厚薄尺寸问题：由于打印机的吐丝粗细是一定的，并且不会无限制的细，如果产品的某部分造型太薄且放置位置接近水平，则可能成型质量很差，甚至不能成型，如图 3 - 60 所示的螺旋桨叶在尺寸比例缩小后就出现了此种现象。

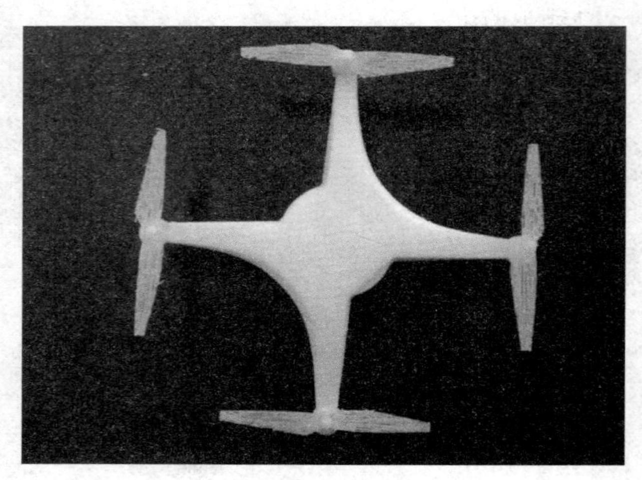

图 3 - 60 造型太薄

(5) 底垫和产品之间的剥离系数设置问题：为了保证首版的底部质量，在打印真正的产品之前，在工作平台上会先打印一个底垫，打印好后，再将底垫剥离。剥离系数的大小决定底垫与首版的粘接程度，数值越大粘接程度越低，越容易剥落。但系数值过大会导致如图 3 - 61 所示的底垫与首版粘接不好，导致首版在打印过程中翘起，不能正常进行下去。系数值过小，则会导致如图 3 - 62 所示的底垫不易剥离的现象。一般情况下，建议不修改系统的默认值。

图 3 - 61 翘起现象

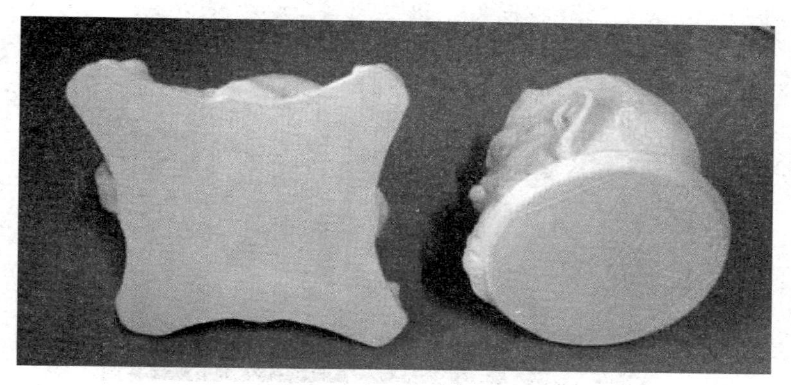

图 3-62 不易剥离现象

(6) 支撑的设置问题：由于 3D 打印是材料一层一层往上堆积起来的，那么对于上大下小，或部分悬空(没有下面基础材料的)的造型，一般需在下方设置支撑。如图 3-63 所示的马的模型打印时，在其肚子下方没有设置足够的支撑，则导致如图 3-64 所示的肚子下方材料滴落，表面质量不好的现象。

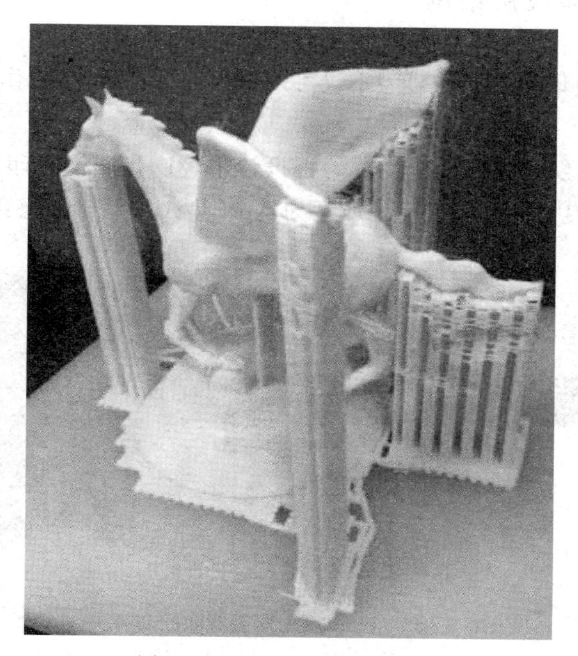

图 3-63 拆除支撑前的小马

图 3－64　材料滴落现象

（7）喷嘴与工作平台的距离：①距离太大，打印材料与工件平台粘接不牢，边缘会翘起；②距离太小，容易出丝受堵，导致工作台、工件和喷嘴处材料发生粘连。

五、3D 打印应用案例

桌面级 3D 打印机打印的模型不仅可以作为产品首版，也可作为真实的零件和产品使用。

在 Nerf 热火发射器弹夹连接器的再设计中，3D 打印机打印的改良后的弹夹连接器使用性能良好。如图 3－65 所示为 Nerf 热火发射器和配套弹夹。

图 3－65　Nerf 热火发射器和配套弹夹

此款弹夹连接器专门为 Nerf 热火发射器配套弹夹而设计，其可以像真实战斗中那样，将发射器的弹夹两两连接，提升发射器的载弹量，提高换弹夹速度。

设计使用 UG 建构模型，如图 3－66 所示。3D 打印出首版，如图 3－67 所示。在使用时，发现结构过于单薄，且强度和韧性较差，不易安装调整，如图 3－68 所示。

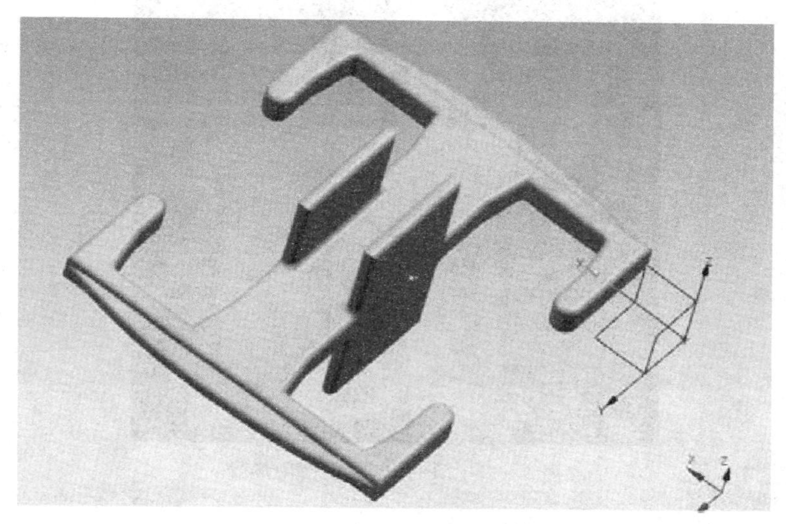

图 3－66 弹夹连接器 UG 建构模型

图 3－67 弹夹连接器 3D 打印首版

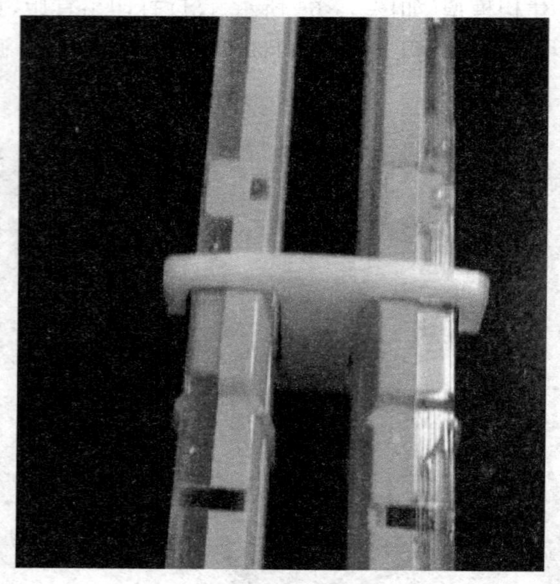

图 3-68　3D 打印首版使用场景

经过再设计，加宽加厚了连接器壁厚，改变了结构，采用半开放式设计，如图 3-69 所示。加入扎带固定，方便弹夹的安装和调整，如图 3-70 所示。

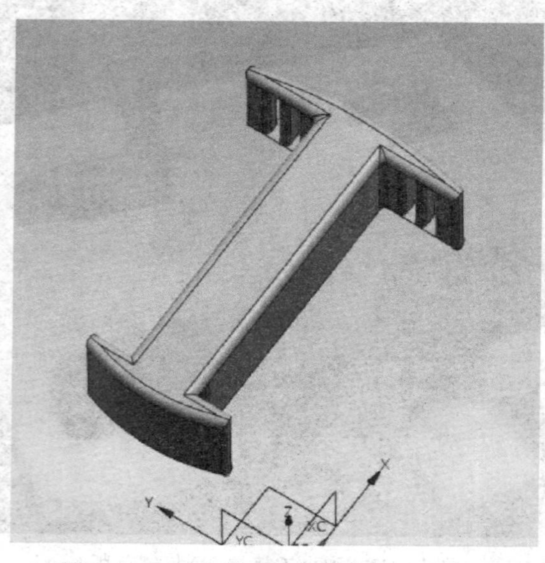

图 3-69　修改后的弹夹连接器 UG 模型

图 3-70 修改后的弹夹连接器的 3D 打印首版

最终使用效果良好,如图 3-71 所示。

图 3-71 最终使用效果

第四节　激光水晶内雕首版制作

1. 激光水晶内雕的原理

激光内雕是采用光的干涉现象，将两束激光从不同的角度射入透明物体（如玻璃、水晶等），准确地交汇在一个点上。由于两束激光在交点上发生干涉和抵消，其能量由光能转换为内能，放出大量热量，将该点融化，形成微小的空洞。由机器准确地控制两束激光在不同位置上交汇，其能量能够在瞬间使水晶受热破裂，从而产生极小的白点，在玻璃内部雕出预定的形状，而玻璃或水晶的其余部分则保持原样完好无损。制造出大量微小的白点，最后这些白点就形成了所需要的图案。

在激光水晶内雕时，不用担心射入的激光会融掉一整条直线上的物质，因为激光在穿过透明物体时会维持光能形式，不会产生多余热量，只有在干涉点处才会转化为内能并融化物质。

2. 激光水晶内雕的特点

（1）加工时不产生切削力，不需要对毛坯进行装夹和粘接。

（2）加工速度快，不产生噪声和热。

（3）不受产品造型的影响，任何形状都可加工。

（4）水晶是透明体，产品的各个角度均可看到。

（5）操作简单、生产成本低。

（6）不能摸到产品。

3. 激光水晶内雕首版的制作

激光水晶内雕技术是目前最先进、最流行的玻璃内雕刻加工方法，其主要用于在玻璃体内部雕刻立体图像，如花、鸟、鱼、人、大自然美丽的风景及其他各种动植物，如图 3－72 所示。

随着创新理念不断深入人心，人们的创新设计越来越多，思路也越来越开阔。基于激光水晶内雕技术的上述特点，我们可以将激光水晶内雕技术应用于只需要验证外观的产品的首版制作，如图 3－73 所示为一个雕塑的首版模型。通过激光水晶内雕首版，可以直观地看到实物的真实形状。

激光水晶内雕首版的制作过程包括下列几个步骤：

（1）obj 格式文件：将三维软件建立的文件转成带纹理信息的三维模型 obj 格式文件。

图 3－72 激光水晶内雕的花

图 3－73 激光水晶内雕首版

(2) 生成 dxf 格式点云模型：dxf 格式文件是用于激光内雕机进行雕刻的点云文件格式，将 obj 格式文件用水晶内雕配套制作软件(如：3DCrystal)，将三维立体模型进行点化处理，生成可供三维激光雕刻机读取的 dxf 格式点云模型，即可导入激光雕刻机进行雕刻。

（3）导入数据：打开雕刻软件（如：控制软件 3Dcraft），进入“文件”→“打开”选项，可导入前期处理好的 dxf 数据文件进行雕刻。

（4）放置水晶原料：将工件擦拭干净，并将其放在工作台左后角位置。

（5）设置雕刻参数：首次雕刻一个产品，需要设置产品尺寸，在控制栏中的“雕刻编辑”→“材料大小”中输入工件的长、宽、高值。然后点击“应用”，保存参数设置。

（6）雕刻：首次雕刻时，需要点击“复位”，工作台会自动移动到焦平面的位置。点击“开始”按钮，开始进行雕刻。雕刻完成后，工作台会自动恢复到初始位。

参考文献

[1] ju_zi_hz.创新方法集锦[EB/OL].[2011-03-05].http://www.docin.com/p-139743846.html.

[2] 四海之内.露水收集器[EB/OL].[2014-10-26].http://blog.sina.com.cn/s/blog_9549ddb30102v5ki.html.

[3] JoloLo.水利赛车模型欣赏[EB/OL].[2010-06-07].http://blog.sina.com.cn/s/blog_67ab1a6b0100j3d7.html.

[4] 常金丽,张晓辉,张希升,等.基于快速成型技术的排种定量器的设计[J].农业装备与车辆工程,2007,1:11-13.

[5] 陈显松.快速成型制造技术及其系统发展研究[J].现代机械,2005,2:45-47.

[6] 郎世奇.建筑模型设计与制作[M].北京:中国建筑工业出版社,2011.

[7] 王卫兵.Cimatron 数控编程实用教程[M].北京:清华大学出版社,2003.

[8] 唐国良.CimatronV13 曲面造型与 NC 加工[M].宁波:宁波出版社,2007.

[9] 刘俊.环境艺术模型设计与制作[M].长沙:湖南大学出版社,2010.

[10] 岳彩锐.造型设计专家范例详解[M].北京:科学出版社,2011.

[11] 冯泗华,张振弘.努力促进科技名词术语的统一和规范化[J].中山大学学报论丛,2001,21(1):235-239.

[12] 杨枕旦.SONAR,“声纳”还是“声呐”?——科技术语翻译杂议(二)[J].外语教学与研究,1987,4:25-28.

[13] 毕强.浅议三种专利申请类型是否可以互为抵触申请[J].中国发明与专利,2015(9).

[14] 百度百科.专利[EB/OL].http://baike.baidu.com/link? url=V4tS3dLYappIcfVLTnJRRpm-GIwkdAkMVsbONeNp1K9L39tfvlUMBkUuwIMK9xB36GydJkbgFPbJaZkrhtlFzK.

[15] 蓬莱消遥客.申请专利注意事项[EB/OL].[2011-08-26].http://wenku.baidu.com/link?url=m2aRoi8XRDdA_tHm05XOwiHxFBUXuQzkvCJ0mxWWq8afqa4suZEuEl_0Ff_ytx-ppJ9nKt9hTyDqzTp19gGID8u2sDysx-JJDC8dgRTw8G.